高等学校"十二五"规划教材

楼宇智能系统工程实践

主 编 佘志鹏

U0222417

哈尔滨工业大学出版社

内容简介

本书通过实训教学的形式，根据综合布线图的要求，以智能楼宇里最常用的几个系统为载体，介绍了对讲门禁及室内安防、闭路电视监控及周边防范、消防报警联动、综合布线和 DDC 监控及照明控制 5 个子系统的安装和调试，每个系统的学习都包括系统原理认识、设备认知、设备安装、系统布线、设备调试等步骤。通过学习，学生不仅对这几个系统的安装、布线、调试有了深刻的认识，进而能够了解智能楼宇系统组成的共性知识，培养学生的计划组织能力、楼宇设备安装与调试能力、工程实施能力和交流沟通能力。

本书理论结合实践，涉及在实际工程中广泛使用的设备与系统，可作为高职高专楼宇智能化工程技术相关专业课程的教材，也可作为楼宇弱电工程、电工、小区物业、酒店、大厦维护等岗位人员的工具书。

图书在版编目(CIP)数据

楼宇智能系统工程实践/余志鹏主编. —哈尔滨：

哈尔滨工业大学出版社,2014.5

ISBN 978-7-5603-4593-2

Ⅰ.①楼… Ⅱ.①余… Ⅲ.①智能化建筑-自动化系统-高等学校-教材 Ⅳ.①TU855

中国版本图书馆 CIP 数据核字(2014)第 074389 号

策划编辑 王桂芝 范业婷
责任编辑 范业婷
出版发行 哈尔滨工业大学出版社
社 址 哈尔滨市南岗区复华四道街 10 号 邮编 150006
传 真 0451－86414749
网 址 http://hitpress.hit.edu.cn
印 刷 哈尔滨市工大节能印刷厂
开 本 787mm×1092mm 1/16 印张 11.5 字数 281 千字
版 次 2014 年 5 月第 1 版 2014 年 5 月第 1 次印刷
书 号 ISBN 978-7-5603-4593-2
定 价 25.00 元

◎ 前 言

Preface

　　社会经济的高速发展,加快了城市化进程,科技更新日新月异,随着电子技术(尤其是计算机技术)和网络通信技术的发展,社会高度信息化。在建筑物内部,应用信息技术,将古老的建筑技术与现代的高科技相结合,于是产生了楼宇智能化工程技术专业。

　　智能楼宇具有舒适、高效、方便、安全、可靠等突出优点,是科学技术和经济水平的综合体现,它已成为一个国家、地区和城市现代化水平的重要标志之一。我国智能楼宇自 20 世纪 90 年代开始进入高速发展阶段,其发展速度和规模是世界上绝无仅有的。目前,智能楼宇在我国已成为建筑市场的大趋势,也是建筑业中新的"经济增长点"。智能楼宇市场的迅猛发展,直接拉动了对智能楼宇专业人才的需求。目前,我国智能楼宇从业人员数量巨大,且主要集中在上海、北京、广州、深圳等大中城市,但绝大多数未经任何培训直接上岗,生产一线的操作人员技能水平很低,高级工不足 2.4%,技师不足 1%,高级技师不足 0.3%。

　　在现今的新建筑中,基本都已应用到楼宇智能化技术,社会上的建筑设备安装企业、智能建筑专业公司、房地产开发与物业管理、招投标服务企业、工程建设监理公司、星级宾馆、企事业单位的基建部门等,都急需从事电气工程技术、计算机网络与通信、楼宇智能化控制系统的设计、安装、施工、维护等工作的专业人才。

　　楼宇智能化工程技术专业既以电子技术、自动控制技术、计算机技术、网络通信技术这些学科为基础,又揉合建筑基础、工程管理专业等相关知识与法律法规,是一个新兴产业和新型学科。这个领域的人才需求量无疑是巨大的,无论是传统的自动化技术专业,还是机电专业或电子信息工程专业都无法真正地培养出这个领域内对口的人才。

　　本书是楼宇智能化工程技术专业的核心课程"楼宇智能化系统工程实践"的教材。本书注重理论与实践结合,既从理论上探究楼宇智能化系统的基础知识及智能楼宇系统的几个典型子系统涉及的技术知识,也通过图文并茂的方式,介绍智能楼宇系统里典型的接线和操作方式。本书所讲述的实践操作内容使用的设备都是智能楼宇设备中常用的典型设备,对教学单位来说都非常容易购买。本书解决了市场上一般教材只注重理论介绍,忽略实践操作的难题。通过本书的介绍,希望能培养出既掌握智能楼宇相关基础知识,又具有一定实践操作能力的复合型人才。

　　由于编者水平有限,书中难免存在疏漏和不妥,敬请指正。

编 者
2014 年 1 月

目　　录

第 1 章　楼宇智能化工程概述

1.1　楼宇智能化工程技术概论

人类最早的建筑物只用于遮阳避雨、防风御寒,对自然环境的改善和控制极其有限。后来出现的壁炉或火炕可以说是对建筑内环境进行改善和控制的原始设备,因为它们对建筑内环境的控制是简单和原始的,根本不需要自控系统。

随着人类社会的不断发展,建筑物在人类生活与工作中的地位越来越重要。一方面,人们对建筑物的内外环境要求越来越高;另一方面,科学技术和生产力的迅速发展,为改善建筑物内外环境条件和提高建筑物内外环境质量提供了有效的技术手段和极大的可能性,这就导致附加于传统建筑意义之上的环境、安全等设备的数量及功能要求越来越多,技术水平越来越高,系统越来越复杂,投资、运行能耗和维护费用也越来越高。为了充分、有效地发挥设备潜力,提高系统的整体效能,降低设备运行能耗和系统运行、维护费用,建筑物设备自动控制的楼宇自动化系统(Building Automation System,BAS),又称为建筑设备自动化系统,成为建筑技术不断发展的必然要求和自动化技术在建筑领域应用的必然结果。在楼宇自动化技术的基础上,结合通信技术、计算机技术和其他科学技术而形成并迅速发展的智能建筑(Intelligent Building,IB)则能更好地满足人们对建筑环境安全、舒适、便捷、高效等方面的要求。

1. 智能建筑的概念

智能建筑发展至今,尚未形成统一和权威的说法,各国、各行业和研究组织多从自己的角度提出对智能建筑的认识。下面只列举我国对智能建筑的定义。

智能建筑是以大厦内自动化设备的配备划定建筑的智能化程度。如 3A 智能大厦内设有通信自动化设备(Communication Automation,CA)、办公室自动化设备(Office Automation,OA)与大楼自动化(Building Automation,BA)。若把消防自动化设备(Fire Automation,FA)与安保自动化设备(Security Automation,SA)从 BA 中划分出来,则称为 5A 智能大厦。为了方便在大厦中对各智能化子系统进行综合管理,又形成了大厦管理自动化系统(Management Automation,MA)。这类以建筑内智能化设备的功能与配置做定义的方法,具有直观、容易界定等特点。但因为技术的进步与设备功能的发展是无限的,如果以此来作为智能建筑的定义,那么该定义的描述必须随着技术与设备功能的进步同步更新。

2. 楼宇自动化系统的组成

楼宇自动化系统可分为狭义和广义两种。狭义的楼宇自动化系统主要包括的内容有:变配电子系统、照明子系统、空调与冷热源子系统、电梯子系统、环境保护与给排水子系统、停车场管理与门禁子系统等。广义的楼宇自动化系统还应该包括：火灾自动检测与报警系统(Fire Automation System,FAS)和安全防范系统(Security Automation System,SAS)两部分。

3.楼宇自动化系统的功能

楼宇自动化系统的功能如图 1.1 所示。

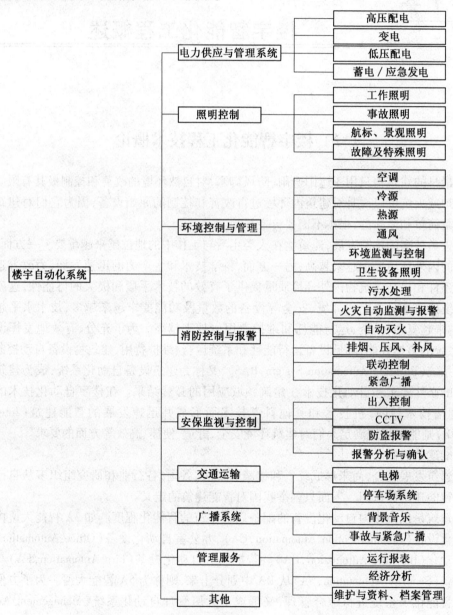

图 1.1　楼宇自动化系统的功能

1.2　楼宇自动化常用技术

在楼宇自动化系统中,往往需要对温度、湿度、压力、浓度、液位等参数进行检测和控制,使之处于最佳的工作状态,以便用最少的材料及能源消耗,获得较好的经济效益。同时,也要对建筑内部关系到人身安全、设备与系统运行安全、环境与财产安全的因素与状态进行全面监视,及时发现危险源或险情,并采取有效的防范措施,保证建筑环境的质量与安全,最大限度地保护人身与财产安全。为了及时掌握描述它们特性、运行过程的各种参数和反映安全状态的相关变量,首先就要求测量这些参数和变量的值。

1.2.1　楼宇自动化常用传感器

1. 温度传感器

温度是表征被测对象冷热程度的物理量,它是楼宇控制中一个极为重要的参数。常用的测温方法有电阻测温、半导体测温和热电偶测温。

2. 湿度传感器

在现代建筑中,根据不同的场所,不同的工作环境,需要把空气湿度控制在相应的范围内,湿度过高、过低都会令人感到不适。

3. 压力传感器

压力传感器是将压力转换成电流或电压的器件,可用于测量压力和液位。

4. 流量传感器

流量传感器是能感受流体流量并转换成可用输出信号的传感器。

5. 液位检测传感器

在现代化楼宇中,经常要求对给排水的水位进行检测和控制,这就要使用液位检测传感器。

6. 空气质量传感器

空气质量传感器主要用于检测空气中 CO_2 和 CO 的浓度。如果室内 CO_2 含量增加,应启动新风机组,向室内补充新鲜空气以提高空气质量。车库内的空气质量传感器主要用以检测车库内 CO_2 与 CO 的浓度,检测汽车尾气的排放量,及时启动排风机,以加大车库的换气量,保证库内空气质量与环境安全。

1.2.2　自动控制基本原理与系统组成

闭环控制系统原理框图如图 1.2 所示,一般由被控对象、检测仪表或装置、控制器/调节器和执行器几个基本部分组成。检测仪表对被控对象的被控参数进行测量,调节器根据给定值与测量值的偏差并按一定规律发出调节命令,控制执行器对被控对象的被控参数进行控制,使被控参数满足要求。

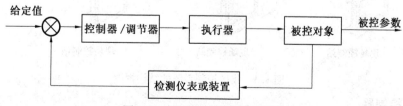

图 1.2　闭环控制系统原理框图

1.2.3　常用低压电器

电气控制系统是由各种有触点的低压电器,如继电器、接触器、熔断器、行程开关、按钮等组成的具有特定功能的控制电路。不管是对已有电气控制电路的分析,或是设计所需要的电气控制系统,还是实现强弱电系统控制接口的设计与实现,都必须对常用的各种低压电器有所了解。

1.2.4 计算机控制技术

楼宇自动化技术作为自动化技术的一个应用领域,由早期的模拟控制装置与独立的设备控制,发展为现在的以集散控制系统(DCS)和现场控制器(DDC)为主流的楼宇自动化系统进行控制。随着现场总线(Fieldbus)技术的不断发展,成熟的现场总线控制系统(Fieldbus Control System,FCS)技术在楼宇自动化领域正在得到越来越多的应用。

1. 集散控制系统

集散控制系统由集中管理部分、分散控制部分和通信部分组成。集中管理部分主要由中央管理计算机及相关控制软件组成。分散控制部分主要由现场直接数字控制器及相关控制软件组成,对现场设备的运行状态、参数进行监测和控制。其中DDC的输入端连接传感器等现场检测设备,输出端与执行器连接在一起,完成对被控量的调节以及对设备状态、过程参数的控制。通信部分连接集散控制系统的中央管理计算机与现场DDC控制器,完成数据、控制信号及其他信息在两者之间的传递。集散控制系统的结构框图如图1.3所示。

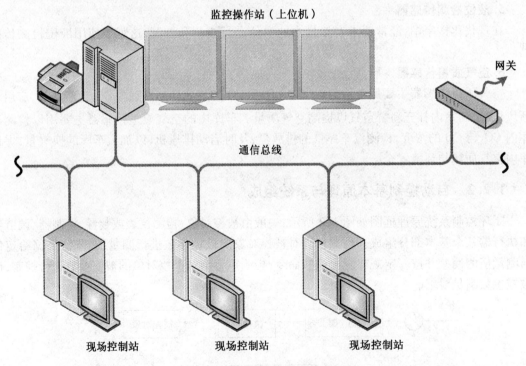

图1.3 集散控制系统的结构框图

2. 现场控制器

智能楼宇中的集散计算机控制系统通过通信网络系统将不同数目的现场控制器与中央管理计算机连接起来,共同完成各种采集、控制、显示、操作和管理功能。

智能楼宇中的现场控制器采用计算机技术,又称直接数字控制器,简称DDC,其结构图如

图 1.4 所示。

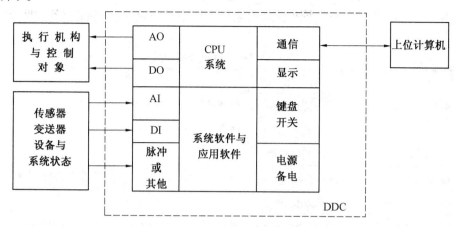

图 1.4　DDC 结构

3.中央监控系统

集散控制系统监控范围大,设备数量多,监控状态与参数的类型和数量多且分散。在控制系统方案的选取上,宜坚持"分散控制、集中管理"的原则,即利用 DDC 对被控对象实施"分散控制",通过中央监控计算机对被控对象实施统一管理。

中央监控计算机担负着系统集中监视、管理、系统生成及诊断等职能,因此,不仅要求其硬件系统耐用、可靠,而且要求应用软件使用方便且功能齐全。在中央监控计算机选型方面,对于较小型的 DCS 系统,一般可考虑采用"工控机"作为中央监控计算机的主机设备,对于较大型和特大型的 DCS 系统,可考虑采用"容错计算机"作为中央监控计算机的主机设备,一个集散系统中可以配备多个中央管理计算机工作站。

为了提高中央监控主机的可靠性,容错计算机可采用两台计算机互为热备份的系统设计技术,即一台运行中的计算机一旦出现故障,热备份的计算机自动投入运行,并自动接管中央监控主机对整个系统的管控大权,从而保证系统最大限度地处在可靠运行状态。

当 DCS 可划分为不同子系统时,为了便于子系统管理以及遵循国家规范的要求,可增设子系统工作站,在楼宇自动化系统中通常设有火灾自动报警消防工作站、安保工作站、门禁工作站等子系统工作站。

1.2.5　现场总线控制系统

以现场总线技术为基础的现场总线控制系统是以网络为基础的开放型控制系统。现场总线是控制现场智能化设备间的数字式、双向传输、多节点和多分支结构的数字通信网络,也被称为开放式、数字化多点通信的底层控制网络。集散控制系统是把控制网络连接到现场控制器,而现场总线控制系统则把通信线一直连接到现场设备,即把单个分散的测量控制设备变成网络节点,以现场总线为纽带,组成一个集散型的控制系统。FCS 适应了控制系统向分散化、网络化、标准化和开放性发展的趋势,是继集散型控制系统之后的新一代控制系统。更重要的是新型的现场总线控制系统用公开的、标准化的通信网络代替了集散控制系统的专用网络,实现了不同厂商现场设备之间的兼容与互换。

在楼宇自动化技术中,国际上流行的有 LonWorks 和 CAN 两种现场总线标准。本节主要介绍 LonWorks 技术。

LonWorks 采用开放式 ISO/OSI 模型的全部 7 层通信协议结构,被称为通用控制网络,各层功能见表1.1。

表1.1 LonWorks 各层功能

模 拟 分 层	作 用	服 务
应用层(Application)	网络应用程序	标准网络变量类型:组态性能,文件传送
表示层(Presentation)	数据表示	网络变量:外部帧传送
会话层(Session)	远程传输控制	请求/响应:确认
传输层(Transport)	端-端传输可靠性	单路/多路应答服务:重复信息服务,复制检测
网络层(Network)	报文传送	单路/多路寻址:路径
数据链路层(Data Link)	媒体访问与成帧	成帧,数据编码,CRC 校检,冲突问题/仲裁,优先级
物理层(Physical)	电气连接	媒体特殊细节(如调制),收发种类,物理连接

LonWorks 技术主要由 LonWorks 节点、路由器、LonTalk 协议、LonWorks 收发器、LonWorks 网络和节点开发器几部分组成。

LonWorks 技术的一个重要特征是它支持多种通信介质(双绞线、电力线、电源线、光纤、无线和红外)。根据通信介质的不同,LonWorks 技术可分为多种总线收发器。

Honeywell 公司的 EXCEL5000 系列是一个使用 LonWorks 总线技术的设备,它是一套专门用于楼宇自动化系统的集散控制系统,其系统结构示意图如图1.5所示。

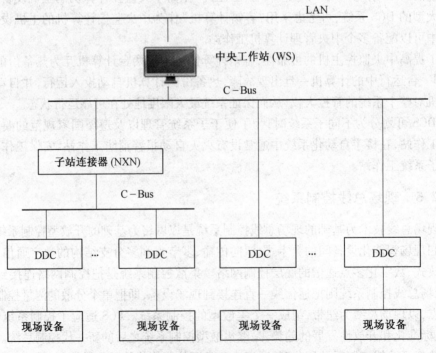

图 1.5 EXCEL5000 结构示意图

EXCEL5000 系统管理层采用共享总线型网络拓扑结构的以太网,传输速率为 10 Mb/s;控制层采用 C—Bus（RS—485）总线，DDC 控制器直接挂在总线上，总线（C—Bus）传输速率为 1 Mb/s。

　　图 1.5 中的现场设备可以是空调系统、供热系统、给排水系统、供电系统、照明系统、消防系统及安防系统等。传感器接收现场设备物理量变化的信号输入 DDC，控制器输出控制信号控制执行器工作，各个 DDC 直接连到控制总线（第三方现场控制器可通过网关接入总线）上。在网络或网关上可以接上监控计算机、打印机，也可以和其他系统（安防、电梯、火灾报警）相连，通过 MODEM 可以用电话线路与其他系统进行远程通信。

1.3　楼宇智能化工程实训

1.3.1　楼宇智能化工程实训装置概述

　　楼宇智能化工程实训装置是专业研制的楼宇智能化技术实训考核设备，根据智能建筑行业楼宇智能化的特点，在接近工程现场的基础上，针对实训教学进行了专门设计，包含了计算机技术、网络通信技术、综合布线技术、DDC 技术等，强化楼宇智能化系统的设计、安装、布线、接线、编程、调试、运行、维护等工程能力。它适合楼宇智能化工程技术、机电安装工程等相关专业的教学和培训。

　　楼宇智能化工程实训装置外形图如图 1.6 所示。

图 1.6　楼宇智能化工程实训装置外形图

　　楼宇智能化工程实训装置在结构上以智能建筑模型为基础，包含智能大楼、智能小区、管理中心和楼道等典型结构，涵盖了对讲门禁及室内安防、闭路电视监控及周边防范、消防报警联动、综合布线和 DDC 监控及照明控制 5 个子系统，各系统既可独立运行，也可实现联动。通过此系统对学生进行项目训练，可以检验学生的团队协作能力、计划组织能力、楼宇设备安装与调试能力、工程实施能力、职业素养和交流沟通能力等。

1.3.2　楼宇智能化工程实训装置特点

　　(1)本装置涵盖了对讲门禁及室内安防、闭路电视监控及周边防范、消防报警联动、综合布线和 DDC 监控及照明控制 5 个子系统,具有多角度考核训练的特点。

(2)本装置模拟典型建筑结构,通体采用铝合金型材和铁质网孔板,并选用市场上技术成熟、低电压安全型器件,因而具有真实、美观、可靠和安全的特点。

1.3.3　技术性能

(1)输入电源:单相三线 AC(220±10%)V 50 Hz。

(2)工作环境:温度,−10~40 ℃;相对湿度,不大于 85%(25 ℃);海拔,不大于 4 000 m。

(3)装置容量:不大于 1 kV·A。

(4)外形尺寸:4.66 m×2.22 m×2.3 m。

(5)安全保护:具有漏电压、漏电流保护,安全符合国家标准。

1.3.4　系统配置

本系统整体结构采用开放式和拆装式设计,学生可对各器件进行拆装、调试、运行。

框架基本配置见表 1.2,各系统部件基本配置见表 1.3。

表 1.2　框架基本配置

序号	项目内容	规格、技术指标	数量	单位
1	智能建筑模型	由铝合金型材框架和安装布线网孔板组成,4.66 mm× 2.22 mm×2.3 mm(长×宽×高),分为智能大楼、智能小区、管理中心和楼道等区域,智能大楼设计为两层结构,器件采用自攻螺丝和工程塑料卡件配合安装	1	台
2	安装布线网孔板	780 mm×750 mm	26	块
		710 mm×390 mm	1	块
		1 500 mm×260 mm	3	块
		1 500 mm×500 mm	3	块
		1 500 mm×400 mm	1	块
3	总电源箱	空气开关	1	套
4	安防控制箱	AC 24 V、DC 12 V/5 A、DC 18 V/1.5 A	1	套
5	消防控制箱	DC 24 V/2 A、24 V 继电器	1	套
6	DDC 控制箱	HW5201、HW5208、DC24V/5A、24V 继电器	1	套
7	电脑桌	600 mm×600 mm×800 mm(长×宽×高)	1	台
8	钢凳	φ300 mm×450 mm(直径×高)	1	把
9	铝人字梯	800 mm×420 mm×1 280 mm(长×宽×高)	2	把
10	工程塑料卡件	20 mm×10 mm×11 mm(长×宽×高)	500	个
11	计算机	主流品牌计算机,用户自备 内装操作系统,LonMarker 编程软件,力控组态软件,CAD 制图软件	1	套

表 1.3　各系统部件基本配置

序号	器材名称	器材规格或型号	数量
对讲门禁及室内安防系统			
1	门前铃	GST-DJ6508	1 只
2	门前铃安装盒	GST-DJ-MLYM	1 只
3	多功能可视室内分机	GST-DJ6825C	1 只
4	普通壁挂室内分机	GST-DJ6209	1 部
5	层间分配器	GST-DJ6315B	1 只
6	欧式数码可视室外主机	GST-DJ6106CI-FB	1 只
7	室外主机安装盒	GST-DJ-ZJYM	1 只
8	ID 卡	RFID02A	2 张
9	联网器	GST-DJ6327B	1 只
10	管理中心机	GST-DJ6406	1 台
11	通信转换模块	K7110(18V)	1 只
12	通信电缆	RS232-CAN	1 根
13	对讲门禁监控管理软件	GST-DJ6000	1 套
14	家用紧急求助按钮	HO-01B	1 只
15	被动红外空间探测器	DS820iT-CHI	1 只
16	门磁	HO-03	1 对
17	燃气探测器	LH-94(Ⅱ)	1 只
18	感烟探测器	LH-88(Ⅱ)	1 只
19	被动红外幕帘探测器	DC 12 V	1 只
20	报警器	ES-626	1 只
21	电插锁	EC200B	2 只
22	出门按钮	R86KL1-6BⅡ	1 只
23	磁力锁控制器	SW12-3X	1 只
消防系统			
1	火灾报警控制器	GST200/16	1 台
2	智能光电感烟探测器	JTY-GD-G3	3 只
3	智能电子差定温探测器	JTW-ZCD-G3N	3 只
4	探测器通用底座	DZ-02	6 只
5	总线隔离器	LD-8313	1 只
6	编码手动报警按钮(带电话孔)	J-SAM-GST9122	1 只

续表 1.3

序号	器材名称	器材规格或型号	数量
7	编码单输入/单输出模块	LD-8301	3 只
8	编码消火栓报警按钮	J-SAM-GST9123	1 只
9	火警讯响器	HX-100B	1 只
10	编码器	GST-BMQ-1B	1 只
11	模拟消防泵		1 套
12	模拟排烟阀		1 套
13	模拟卷帘门		1 套
闭路电视监控及周边安防系统			
1	高速球	HAV-8227WHDV	1 只
2	一体机芯	HAV-2204AH	1 只
3	枪式摄像机	HAV-303	1 只
4	自动光圈镜头	SSV0358GNB	1 个
5	室内全方位云台	3030W	1 个
6	智能解码器	HAV-101	1 个
7	红外摄像机	HAV-124F	1 台
8	摄像机支架	FIH-5001	2 个
9	彩色监视器	平板液晶	2 个
10	彩色监视器	MC-14 台式	1 台
11	半数字硬盘录像机	DH-DVR0404LE	1 台
12	矩阵主机	HAV-8064ZX-8-5	1 台
13	主动红外对射报警器	DS422i-CHI	1 对
14	门磁	HO-03	1 对
15	声光报警器	HC-103	1 个
综合布线系统			
1	RJ45 配线架	KN515 24 口	1 套
2	以太网交换机	KN-1024P+	1 台
3	电话程控交换机	LC-208	1 台
4	电话配线架	KN-529	1 套
5	单口面板	KN-503	4 块
6	电话模块	KN-519	2 块
7	网络模块	KN-509	2 块

续表1.3

序号	器材名称	器材规格或型号	数量
8	电话机	T-026	2部
9	86底盒		4个
DDC监控及照明控制系统			
1	DDC控制器	HW-BA5208	1只
2	DDC控制器	HW-BA5210	1只
3	力控组态软件6.1	768点	1套
4	U10 USB接口卡	75010	1只
5	照明灯具	射灯	6个

1.4 实训内容

对照实训系统配置(表1.2及表1.3),找出相应器件并确认器件的数量是否符合要求。

第2章
楼宇智能化工程实训系统的组成与工作原理

2.1 系统组成

楼宇智能化工程实训系统是由实训房间模型和可视对讲门禁及室内安防、消防报警联动、闭路电视监控及周边防范、综合布线、DDC监控及照明控制5个子系统组成。整体结构采用开放式和拆装式设计,使学生能对上述的各子系统进行组装、接线、编程和调试。

2.2 功能结构

各子系统的结构框图分别介绍如下。

1. 对讲门禁及室内安防子系统(图2.1)

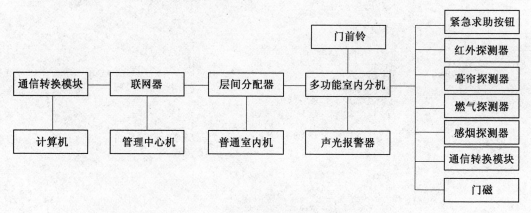

图 2.1 对讲门禁及室内安防子系统

2.消防报警联动子系统(图2.2)

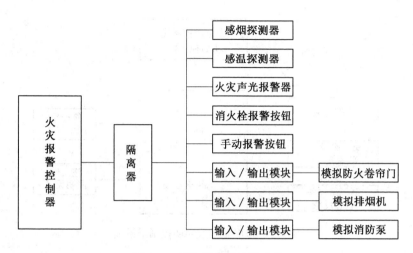

图2.2　消防报警联动子系统

3.闭路电视监控及周边防范子系统(图2.3)

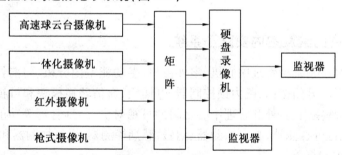

图2.3　闭路电视监控及周边防范子系统

4.综合布线子系统(图2.4)

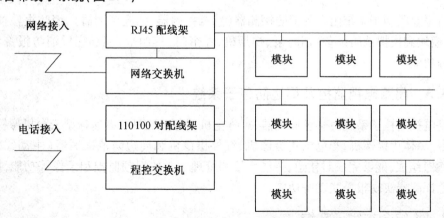

图2.4　综合布线子系统

5. DDC 监控及照明控制子系统(图 2.5)

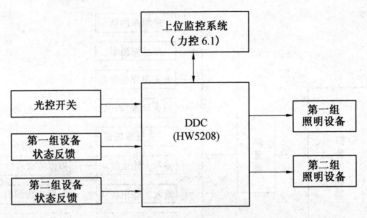

图 2.5　DDC 监控及照明控制子系统

2.3　控制要求

2.3.1　对讲门禁及室内安防子系统

可视对讲门禁子系统由管理中心机、室外主机、多功能室内分机、门前铃、普通室内分机、联网器、层间分配器、开门按钮、磁力锁控制器、电插锁、通信转换模块和可视对讲管理软件等部件组成,能够实现室内、室外和管理中心之间的可视对讲、门禁管理等功能。室内安防部件由家用紧急按钮、红外探测器、幕帘探测器、门磁、感烟探测器、燃气探测器和报警器组成,能够实现室内安防监控和报警。

2.3.2　消防报警联动子系统

消防报警联动子系统由多种消防探测器(感烟探测器、感温探测器)、消防报警控制器、输入/输出模块和模拟消防设备(消防泵、排烟机、卷帘门)等组成,能够完成消防报警和消防设备联动等功能。

2.3.3　闭路电视监控及周边防范子系统

闭路电视监控子系统由彩色监视器、矩阵主机、硬盘录像机、高速球型云台摄像机、室内全方位云台、一体化摄像机、彩色枪式摄像机、红外摄像机和周边防范探测器(主动红外对射探测器、门磁)组成,能够完成对楼道、智能大楼和管理中心的视频监控和录像等功能,同时结合周边防范探测器实现报警联动等功能。

2.3.4　综合布线子系统

综合布线子系统主要由程控交换机、网络交换机、RJ45 配线架、电话配线架、86 盒、面板、语音模块、数据模块、水晶头等部件组成,能够构建一套典型的电话、计算机网络系统,实现建筑模型之间的语音、数据交互功能。

2.3.5　DDC 监控及照明控制子系统

DDC 监控及照明控制子系统由上位监控系统、DDC 控制器和通信接口卡等设备组成,配套安防系统和照明设备能够完成安防报警联动和照明控制等功能。

第3章 对讲门禁及室内安防子系统

3.1 对讲门禁及室内安防子系统概述

安全技术防范，从字面上可以简单地理解为利用安全防范的技术手段进行安全防范的工作。根据其本质，安全技术防范可以从两个不同的层面来理解和解释。对于执法部门而言，安全技术防范就是利用安全防范技术开展安全防范工作的一项公安业务；而对于社会经济部门来说，安全技术防范就是利用安全防范技术为社会公众提供相应服务的一种产业。既然是一种产业，不仅要有产品的研制与开发，还要有系统的设计与工程的施工、服务和管理。因此，要给安全技术防范下一个确切的定义，并非易事。安全技术防范可以定义为：安全技术防范是以安全防范技术为先导，人力防范为基础，技术防范和实体防范为手段，为建立具有探测、延迟、反应等基本功能并使其有效结合的综合安全防范服务保障体系而进行的活动。它是以预防损失和预防犯罪为目的的一项公安业务和社会经济产业。预防损失和预防犯罪的具体内容主要包括：预防入侵、盗窃、抢劫、破坏、爆炸等违法犯罪活动和重大治安事故。

安全防范三要素：探测、延迟与反应。探测，感知显性和隐性风险事件的发生，并发出报警；延迟，延长和推延风险事件发生的进程；反应，组织力量为制止风险事件的发生所采取的快速行动。

住宅小区楼宇对讲系统有可视型与非可视型两种基本形式。对讲系统把楼宇的入口、住户及小区物业管理部门三方面的通信包含在同一网络中，成为防止住宅受非法入侵的重要防线，有效地保护了住户的人身和财产安全。

楼宇对讲系统是采用计算机技术、通信技术、CCD 摄像（视频显像）技术而设计的一种访客识别的智能信息管理系统。

楼门平时总处于闭锁状态，避免非本楼人员未经允许进入楼内。本楼内的住户可以用钥匙或密码开门、自由出入。当有客人来访时，需在楼门外的对讲主机键盘上按出被访住户的房间号，呼叫被访住户的对讲分机，接通后与被访住户的主人进行双向通话或可视通话。通过对话或图像确认来访者的身份，住户主人允许来访者进入，就用对讲分机上的开锁按键打开大楼入口门上的电控门锁，来访客人便可进入楼内。

住宅小区的物业管理部门通过小区对讲管理主机，对小区内各住宅楼宇对讲系统的工作情况进行监视。如有住宅楼入口门被非法打开或对讲系统出现故障，小区对讲管理主机会发出报警信号和显示出报警的内容和地点。

小区楼宇对讲系统的主要设备有对讲管理主机、门口主机、用户主机、电控门锁、电源等相关设备。对讲管理主机设置在住宅小区物业管理部门的安全保卫值班室内,门口主机设置安装在各住户大门内附件的墙上或门上。

室内安防子系统以家庭防盗报警系统为主,主要探测器有:门磁开关、主动红外探测器、被动红外探测器、紧急按钮、玻璃破碎探测器、震动探测器、视频移动探测器、泄漏电缆传感器,另外还有感烟探测器和燃气探测器等用于检测火警的探测器。

室内安防主要由两个部分组成,即门禁管理系统和入侵报警系统。

3.2　门禁管理系统

门禁管理系统一般由前端信息输入设备(门禁读卡器、卡片、门磁等)、执行设备(电控锁等)、传输系统设备、管理控制记录设备(门禁控制器、门禁管理主机等)四部分组成。

前端信息输入设备获取信息,比如读卡器响应刷卡信息,通过传输系统,把信号传输到门禁控制器,门禁控制器通过权限判断,发出指令到前端执行器,多个门禁控制器由控制中心管理主机统一协调管理,其原理图如图 3.1 所示。

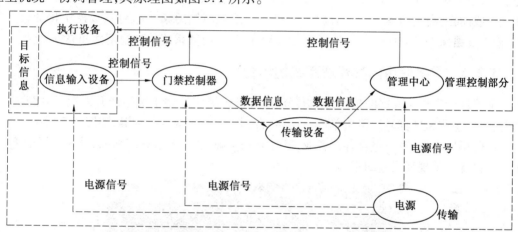

图 3.1　门禁管理系统原理组成

3.2.1　门禁管理系统特点

1. 可靠性要求高

门禁系统以预防损失、预防犯罪为主要目的,因此必须具有极高的可靠性。一个门禁系统,在其运行的大多数时间内可能没有警情发生,因而不需要报警,出现警情需要报警的概率一般是很小的,但是如果在这极小的概率内出现报警系统失灵,常常意味着灾难的降临。因此,门禁系统在设计、施工、使用的各个阶段,必须实施可靠性设计(冗余设计)和可靠性管理,以保证产品和系统的高可靠性。

另外,在系统的设计、设备选取、调试、安装等环节上都应严格执行国家或行业有关的标准,以及公安部门有关安全技术防范的要求,产品需经过多项权威认证,且具有众多的典型用户,多年运行正常。

2. 安全性要求高

门禁及安防系统是用来保护人员和财产安全的,因此系统自身必须安全。这里所说的高安全性,一方面是指产品或系统的自然属性或准自然属性,应保证设备、系统运行的安全和操作者的安全,例如,设备和系统本身要能防高低温、湿热、烟雾、霉菌,并能防辐射、防电磁干扰(电磁兼容性)、防冲击、防碰撞、防跌落等;另一方面,门禁及安防系统还应具有防人为破坏的功能,如防破坏的保护壳体、防拆报警、防短路和开路等功能。

3. 功能性应多样化

随着人们对门禁系统各方面要求的不断提高,门禁系统的应用范围越来越广泛,对门禁系统的应用已不局限在单一的出入口控制,还要求它不仅可应用于智能大厦或智能社区的门禁控制、考勤管理、安防报警、停车场控制、电梯控制、楼宇自控等方面,还要与其他系统实现联动控制等多种控制功能。

4. 扩展性应留有余地

门禁系统应选择开放性的硬件平台,具有多种通信方式,为实现各种设备之间的互联和整合奠定良好基础,另外还要求系统应具备标准化和模块化的部件,有很大的灵活性和扩展性。

评价一个门禁系统的优劣,首先考虑的是系统的稳定性和安全性,离开了稳定性,一切都是空谈,通常工程商及用户确定一个门禁系统是否稳定、安全,都会直接从控制器的性能做判断。一般而言,高档门禁产品会有较大的优势。因为高档门禁产品对主板模块化的设计、输入/输出电路保护等方面进行了提高,所以能确保整个门禁系统的高稳定性和高安全性。

3.2.2 需要使用门禁管理系统的场合

随着社会现代化程度的提高,门禁管理系统已经被广泛用于房地产开发商、写字楼公司、物业公司、企业、政府部门、司法单位、宾馆酒店、电信、医疗卫生机构等,如图3.2所示。

由此可以看出,客户包含各行各业,其性质是不确定的,要求是多变的,针对不同的客户做不同的设计才是规划实施的本质。

图3.2　门禁管理系统使用场合

3.2.3　门禁管理系统的识别技术

1.接触式读卡技术

接触式 IC 卡读写器要能读写符合 ISO7816 标准的 IC 卡,通常情况下,接触式读卡器直接连接管理计算机,连接方式可分为普通串口和 USB 接口形式,读卡器由中央控制器单元、IC 卡接口电路、通信接口电路等部分组成。

2.非接触式读卡技术

非接触卡又称射频(Radio Frequency,RF)把具有微处理器的集成电路芯片和天线封装在塑料基片中,没有对外触点。读卡器采用磁感应技术,通过无线方式对卡片中的信息进行读写(图 3.3)。现在非接触式读卡器国际通行的标准接口协议为 Wiegand 26bit,如 Wiegand 读卡器和 Indala HID 读卡器等都遵守该协议。

最常见的 IC 卡为 PHILIPS 的 Mifare one(简称 M1)卡和 EM 卡,其他还有 logic 卡和 TM 卡等,但市场份额较少。M1 卡和 EM 卡在非接触卡的市场份额达到了 90%,通用性和兼容性好。

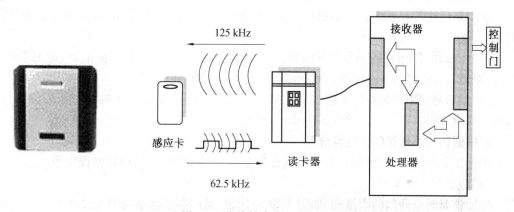

图 3.3　非接触式读卡器原理

射频卡和非接触式读卡器工作原理如图 3.3 所示,在感应式技术应用中,读卡器不断通过其内部线圈发出 125 kHz 电磁场激发信号,当感应卡放在读卡器读卡范围内时,卡内线圈在激发信号感应下产生微弱电流,提供卡内集成电路电源,卡内存储的数据信息通过62.5 kHz调制信号传输到读卡器,读卡器将接收到无线数据信号,并传回控制器,由控制器处理决策。内置的 LED 指示灯和蜂鸣器可分辨并显示读卡器状态。

非接触式读卡器的优点有:免接触、使用寿命长、方便、防水、防尘及适应各种恶劣环境等。目前在出入口通道控制的市场上,广泛应用非接触式读卡器,而接触式读卡器在超市购物、进餐收费等场合应用较多。读卡器应与卡片配合使用。

3.生物特征识别仪

生物特征识别仪(图 3.4)可以读取相关生物特征信息,作为门禁控制器的输入判断信号,根据生物特征的不同,识别仪可以分为指纹识别仪、虹膜识别仪、面部特征识别仪等。

生物识别仪按 4 个步骤工作:读取生物特征图像、提取特征、保存数据和比对。通过特征读取设备读取到生物特征图像,然后要对原始图像进行初步清晰处理,再通过辨识软件建立生物特征数据。通过计算机模糊比较的方法,把预先设定的生物特征模板和本次读取的特征进行比较,计算出相似程度,得到匹配结果,实现身份验证,根据验证结果,执行相应操作。

图3.4 生物特征识别仪

注意:在生物特征识别中,指纹、掌形识别等需人体直接接触的识读装置不如面部、虹膜识别这类不需人体直接接触的识读装置安全,因为直接接触的识读装置的接触面若不能及时清洁,就有可能成为某些传染性疾病传播的媒介。

3.2.4 门禁系统的执行机构

1. 根据开门所需通断电状态分类

电锁是门禁管理系统的主要执行机构,根据开门所需通断电状态,可分为阳极锁和阴极锁。

(1)阳极锁:阳极锁属于断电开门型,符合消防要求,一般安装在门框上部,适用于双向的木门、玻璃门、防火门,本身带有门磁检测器,可随时检测门的状态。

(2)阴极锁:阴极锁属于通电开门型,安装阴极锁一定要配备 UPS 电源(保证通电开门),适用于单向木门。

2. 根据锁的外形和吸合特点分类

根据锁的外形和吸合特点,电锁可以分为电插锁、电磁锁、电锁口和电控锁等。

(1)电插锁。

电插锁属断电开门的阳极锁,如图3.5(a)所示,是门禁管理系统中主要采用的一种锁,适用于木门、玻璃门等,在通断电状态下控制锁头伸缩,实现门的关开。

电插锁根据锁内引线数分为两线、四线、五线和八线电插锁。

①两线电插锁:只有两条电源线,没有单片机控制电路,冲击电流大,锁体容易发热,属于价格较低的电锁。

②四线电插锁:有两条电源线和两条反映门开关状态的信号线,采用单片机控制,散热性能好,具有延时控制开关的功能,带门状态信号输出,属于性价比好的常用电锁。

③五线电插锁:在四线电插锁的基础上,增加了一对门磁相反信号线,用于特殊场合。

④八线电插锁:在五线电插锁的基础上,增加了锁头状态输出。

(2)电磁锁。

电磁锁属断电开门的阳极锁,如图3.5(b)所示,电磁铁和铁块分别安装在门框和被控门上,通电状态下,电磁铁和铁块之间产生吸力,门闭合;断电状态,磁力消失门打开。通常用于办公室内部等非高安全级别的玻璃门、铁门等场所。如果采用该锁具,应根据门的安全级别,选用不同的抗拉力。

优点:性能比较稳定,返修率低,安装方便,不用挖锁孔,只用走线槽,用螺钉固定锁体即可。

缺点：安装在门外顶部，美观性和安全性不好。

（3）电锁口。

电锁口属于阴极锁，如图3.5(c)所示，适用于办公室木门、家用防盗铁门，安装在门的侧面，必须配合机械锁使用。

优点：价格便宜。

缺点：冲击电流比较大，对系统稳定性影响大，锁体要挖空埋入门侧面，布线不方便，安装吃力，使用该类型电锁的门禁管理系统用户不刷卡，也可通过球形机械锁开门，降低了系统的安全性和可查询性。

（4）电控锁。

电控锁属于断电开门的阳极锁，如图3.5(d)所示，适用于家用防盗铁门、单元铁门等，可选配机械钥匙，通过门内锁自身旋钮或钥匙打开。

缺点：冲击电流较大，对系统稳定性影响大，开门时噪声较大且安装不方便。

3. 选型

锁总是和门配合使用的，一般而言，双开玻璃门多选用电插锁；单开木门多采用电磁锁，电磁锁稳定性高于电插锁，而电插锁安全性较高；电锁口安全性低，布线不方便，但成本低；电控锁噪声比较大，多用在小区或楼栋大门口。

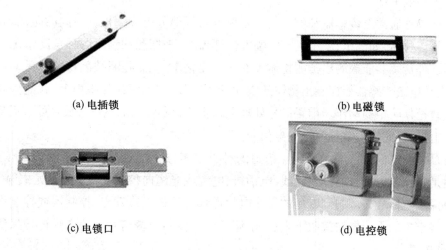

(a) 电插锁　　(b) 电磁锁　　(c) 电锁口　　(d) 电控锁

图3.5　各种电锁

3.3　入侵报警系统

入侵报警系统是指非法侵入防范区域时，引起报警的装置发出出现危险情况信号。入侵报警系统就是用探测器对建筑物内外重要地点和区域进行布防，可以及时探测非法入侵，并且在探测到有非法入侵时，及时向有关人员报警。譬如门磁开关、玻璃破碎报警器等可有效探测外来的入侵，红外探测器可感知人员在楼内的活动等。一旦发生入侵行为，能及时记录入侵的时间、地点，同时通过报警设备发出报警信号。

入侵报警系统通常由探测器、信号传输信道和控制器组成。最基本的防盗报警系统由设置在现场防区内的入侵探测器与报警控制器组成。典型的系统组成如图3.6所示。

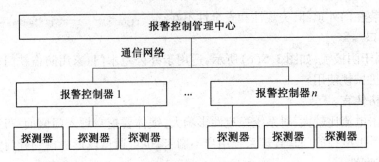

图 3.6　入侵报警系统的基本组成

入侵探测器是由传感器和信号处理器组成的电子和机械装置。系统在设计时就应根据被防范场所的不同地理特征、外部环境及警戒要求选用合适的探测器以达到安全防范的目的。

入侵探测器应有防拆、防破坏等保护功能。当入侵者企图拆开外壳或信号传输线断路、短路以及接其他负载时，探测器应能发出报警信号。

入侵探测器还要有较强的抗干扰能力。在探测范围内，任何与小动物（长 150 mm，直径 30 mm）类似的具有红外辐射特性的圆筒物体都不应使探测器产生报警。探测器对于与射束轴线成15°或更大角度的任何外界光源的辐射干扰信号应不产生误报。探测器应能承受常温气流及电火花的干扰。

入侵探测器通常由传感器和前置信号处理电路两部分组成。根据不同的防范场所，选用不同的信号传感器，如气压、温度、振动、幅度传感器等，来探测和预报各种危险情况。红外探测器中的红外传感器能探测出被测物体表面的热变化率，从而判断被测物体的运动情况而引起报警；震动电磁传感器能探测出物体的震动，把它固定在地面或保险柜上，就能探测出入侵者走动或撬挖保险柜的动作。前置信号处理电路将传感器输出的电信号放在处理后变成信道中传输的电信号，此信号常称为探测电信号。

信道是探测电信号传送的通道。信道的种类较多，通常分为有线信道和无线信道两种。有线信道是指探测电信号通过双绞线、电话线、电缆或光缆向控制器或控制中心传输；无线信道则是对探测电信号先调制到专用的无线电频道再由发送天线发出，控制器或控制中心的无线接收机将空中的无线电波接收下来后，解调还原出控制报警信号。信道是传输探测电信号的通道，也是媒介。

控制器通常由信号处理器和报警装置组成。由有线或无线信道送来的探测电信号经信号处理器做深入处理，以判断"有"或"无"危险信号。若有，控制器就控制报警装置，发出声光报警信号，引起值班人员的警觉，以采取相应的措施；或直接向公安保卫部门发出报警信号。

对讲门禁系统由单元门口主机、用户室内可视分机、可视门前铃、层间分配器、联网器、管理中心、不间断电源等组成。

每个梯道入口处安装单元门口主机，可用于呼叫住户或管理中心，业主进入梯道铁门可利用 IC 卡感应开启电控门锁，同时对外来人员进行第一道过滤，避免访客随便进入楼层梯道。来访者可通过梯道主机呼叫住户，住户可以拿起话筒与之通话（可视功能），并决定接受或拒绝来访，住户同意来访者进入后，遥控开启楼门电控锁。业主室内安装的可视分机，对访客进行对话、辨认，由业主遥控开锁。住户家中发生事件时，住户可利用可视对讲分机呼叫小区的保安室,向保安室寻求支援。在保安监控中心安装管理中心机,专供接收用户紧急求助和呼叫。

室内安防子系统由门磁、红外线幕帘探测器、热感红外探测器、燃气探测器、烟感探测器、紧急求助按钮组成。各探测器介绍如下:

(1)门磁感应器。一般装在门及门框上,若有人非法闯入,家庭主机报警,管理主机会显示报警地点和性质。

(2)红外线幕帘探测器。主要装在窗户和阳台附近,探测非法闯入者,采用红外探头,通过薄薄的一层电子束来保护窗户和阳台。

(3)热感红外探测器。一般安装在客厅,通过检测人体温度来报警。

根据普通物理学知识可知,自然界中的任何物体都可以看作一个红外辐射源,当物体的表面温度高于绝对零度(-273 ℃)时,均会产生热辐射,热辐射产生的光谱主要位于红外波段。人体辐射的红外峰值波长约在 10 μm 处。

物体表面的温度越高,其辐射的红外线波长越短。也就是说,物体表面的绝对温度决定了其红外辐射的峰值波长,不同温度下物体的红外辐射峰值波长见表 3.1。

表 3.1　不同温度下物体的红外辐射峰值波长

物体温度	红外辐射峰值波长/μm
573 K(300 ℃)	5
373 K(100 ℃)	7.8
人体 309.5 K(36.5 ℃左右)	10
273 K(0 ℃)	10.5

(4)燃气探测器。安装在厨房,当燃气泄漏到一定浓度时报警。

(5)烟感探测器。安装在卧室和客厅,检测家居环境烟气浓度而报警,可作为消防报警。

(6)紧急求助按钮。一般装设在较隐蔽地方,家庭发生紧急情况(如打劫)时,直接向保安中心求助。

实践证明,把微波与被动红外两种探测技术加以组合,是最为理想的一种组合方式。因此,获得了广泛的应用。

通过小区联网,可实现对整个小区内所有安装家庭安全防范系统的用户进行集中的保安接警管理。每个家庭的安全防范系统通过总线都可将报警信号传送至管理中心,管理人员可确认报警的位置和类型,同时计算机还显示与住户相关的一些信息,以供保安人员及时和正确地进行接警处理。

3.4 工作任务

3.4.1 对讲门禁系统的安装、接线和调试

经过系统安装、接线和调试,室外安防系统能够实现如下功能:

(1)设置室外主机地址为 001 栋 01 单元。

(2)设置室内分机地址分别为 101 房间、201 房间,给每个房间配置一张 ID 卡。

(3)室外主机呼叫室内分机,能够实现可视对讲。

(4)室内分机呼叫管理中心机,能够实现对讲。

(5)室外主机呼叫管理中心机,能够实现可视对讲。

(6)设置 ID 卡,能够实现刷卡开锁。

(7)单元用户密码开锁。

(8)室内分机主动开锁。

(9)可视对讲软件能够记录处理开门、报警信息。

(10)多功能室内分机实现安防功能。

经过系统安装、接线和调试,室内安防系统能够实现如下功能:

(1)紧急按钮按下,室内分机立即将报警信号上传到管理中心机,声光报警器不发声。

(2)居家布防时,红外探测器功能被禁闭,其他探测器正常工作。

(3)外出布防时,所有探测器均能正常工作。

(4)室内分机检测到探测器动作后,启动声光报警器,同时上报给管理中心机。

3.4.2 功能结构

对讲门禁与安防系统功能结构如图 2.1 所示。

3.4.3 控制要求

由管理中心机、室外主机(单元门口机)、多功能室内分机、门前铃、普通室内分机、联网器、层间分配器、电插锁以及通信转换模块等部件组成一套典型的智能小区可视对讲门禁系统,实现室内、外的可视对讲、门禁管理以及室内安防监控和报警等功能。

3.5 可视对讲门禁子系统安装和接线说明

3.5.1 管理中心机

图 3.7 是管理中心机装配图。

图 3.8 是管理中心机接线端子示意图。

表 3.2 是管理中心机接线端子接线说明。

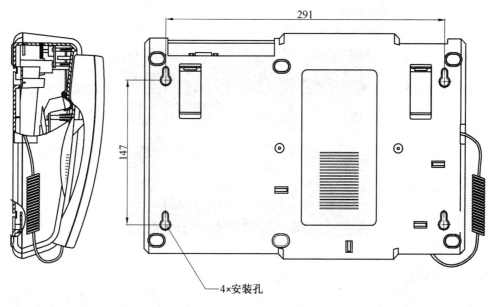

图 3.7   管理中心机装配图

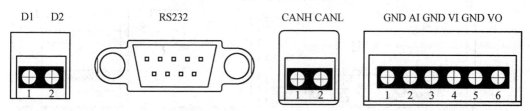

图 3.8   管理中心机接线端子示意图

表 3.2   管理中心机接线端子接线说明

端口号	序号	端子标识	端子名称	连接设备名称	注释
端口 A	1	GND	地	室外主机或矩阵切换器	音频信号输入端口
	2	AI	音频入		
	3	GND	地		视频信号输入端口
	4	VI	视频入		
	5	GND	地	监视器	视频信号输出端,可外接监视器
	6	VO	视频出		
端口 B	1	CANH	CAN 正	室外主机或矩阵切换器	CAN 总线接口
	2	CANL	CAN 负		
端口 C	1~9		RS232	计算机	RS232 接口,接上位计算机
端口 D	1	D1	18 V 电源	电源箱	给管理中心机供电,18 V 无极性
	2	D2			

注意:当管理中心机处于 CAN 总线的末端时,需在 CAN 总线接线端子处并接一个 120 Ω 电阻(即并接在 CANH 与 CANL 之间)。

布线要求:视频信号线采用 SYV75-5 同轴电缆。

图 3.9 是已完成装配的管理中心机装配效果图。

图 3.9　管理中心机装配效果图

图 3.10 是管理中心机与联网器接线图。

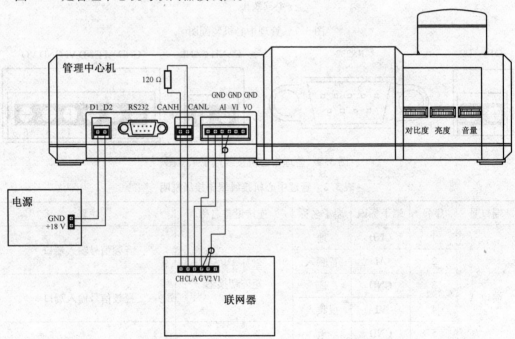

图 3.10　管理中心机与联网器接线图

3.5.2　室外主机

图 3.11 是室外主机外形示意图。

图 3.12 是室外主机安装过程分解图。

电源端子说明见表 3.3。

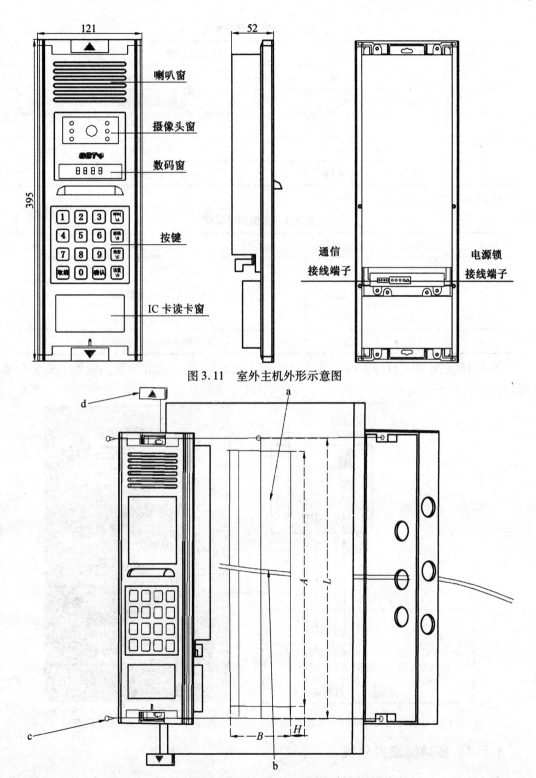

图 3.11　室外主机外形示意图

图 3.12　室外主机安装过程分解图

a—门上开好孔位(已开好);b—把传送线连接在端子和线排上,插接在室外主机上;c—把室外主机和嵌入后备盒放置在门板的两侧,用螺丝牢固固定;d—盖上室外主机上、下方的小盖

表3.3   电源端子说明

端子序	标识	名称	与总线层间分配器连接关系
1	D	电源	电源+18 V
2	G	地	电源端子 GND
3	LK	电控锁	接电控锁正极
4	G	地	接锁地线
5	LKM	电磁锁	接电磁锁正极

通信端子说明见表3.4。

表3.4   通信端子说明

端子序	标识	名称	连接关系
1	V	视频	接联网器室外主机端子 V
2	G	地	接联网器室外主机端子 G
3	A	音频	接联网器室外主机端子 A
4	Z	总线	接联网器室外主机端子 Z

图3.13 是室外主机与联网器接线示意图。图3.14 是已完成装配的室外主机装配效果图。

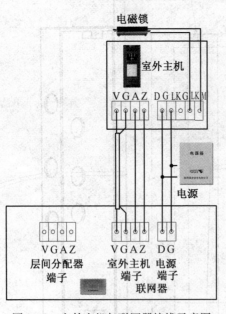

图3.13   室外主机与联网器接线示意图   图3.14   室外主机装配效果图

3.5.3   多功能室内分机

多功能室内分机外形示意图如图3.15 示。

图3.16 是多功能室内分机对外接线端子示意图。

多功能室内分机接线端子说明见表3.5。

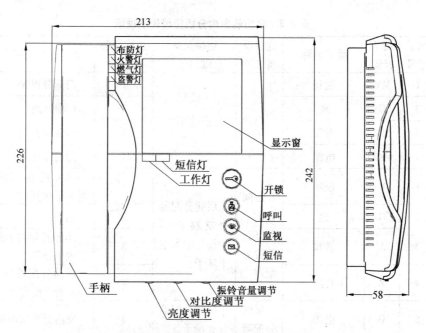

图 3.15　多功能室内分机外形示意图

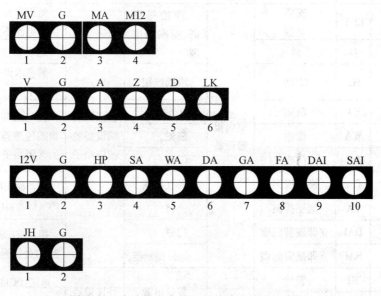

图 3.16　多功能室内分机对外接线端子示意图

表 3.5 多功能室内分机接线端子说明

端口号	端子序号	端子标识	端子名称	连接设备名称	连接设备端口号	连接设备端子号	说明
门前铃端口	1	MV	视频	门前铃	门前铃端子	1	门前铃视频
	2	G	地			2	门前铃地
	3	MA	音频			3	门前铃音频
	4	M12	电源			4	门前铃电源
主干端口	1	V	视频	层间分配器/门前铃分配器	层间分配器分支端子/门前铃分配器主干端子	1	单元视频/门前铃分配器主干视频
	2	G	地			2	地
	3	A	音频			3	单元音频/门前铃分配器主干音频
	4	Z	总线			4	层间分配器分支总线/门前铃分配器主干总线
	5	D	电源	层间分配器	层间分配器分支端子	5	室内分机供电端子
	6	LK	开锁	住户门锁		6	对于多门前铃,有多住户门锁,此端子可空置
安防端口	1	12 V	安防电源	室内报警设备	外接报警器、探测器电源	各报警前端设备的相应端子	给报警器、探测器供电,供电电流不大于 100 mA
	2	G	地				地
	3	HP	求助		求助按钮		紧急求助按钮接入口常开端子
	4	SA	防盗		红外探测器		接与撤布防相关的门、窗磁传感器、防盗探测器的常闭端子
	5	WA	窗磁		窗磁		
	6	DA	门磁		门磁		
	7	GA	燃气探测		燃气泄漏		接与撤布防无关的烟感、燃气探测器的常开端子
	8	FA	烟感探测		火警		
	9	DAI	立即报警门磁		门磁		接与撤布防相关门磁传感器、红外探测器的常闭端子
	10	SAI	立即报警防盗		红外探测器		
警铃端口	1	JH	警铃		警铃电源	外接警铃	电压:DC14.5～18.5 V
	2	G	地				电流不大于 50 mA

图 3.17 是室内分机与层间分配器接线示意图。

图 3.18 是室内分机与报警传感器接线示意图。

图 3.19 是多功能室内分机安装示意图。

图 3.20 是已完成的多功能室内分机装配效果图。

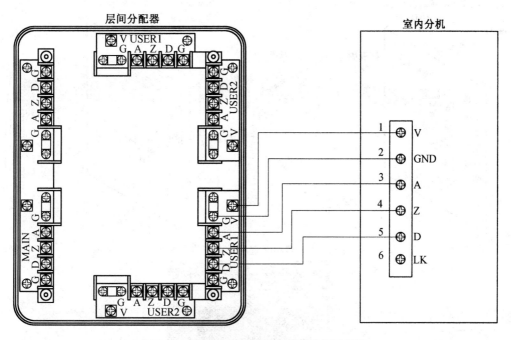

图 3.17　室内分机与层间分配器接线示意图

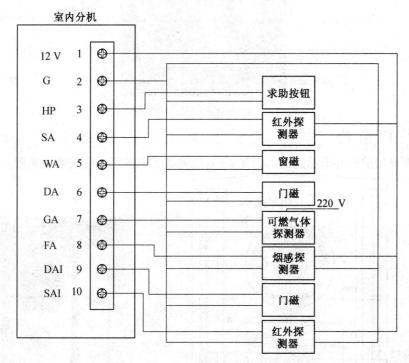

图 3.18　室内分机与报警传感器接线示意图

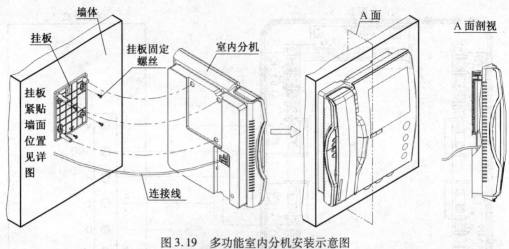

图 3.19 多功能室内分机安装示意图

图 3.20 多功能室内分机装配效果图

3.5.4 门前铃

图 3.21 是门前铃外形示意图。图 3.22 是已完成装配的门前铃安装效果图。

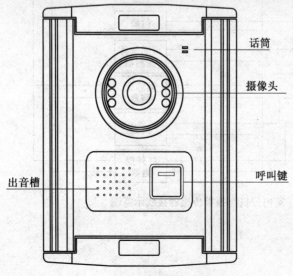

图 3.21 门前铃外形示意图

图 3.22 门前铃安装效果图

3.5.5　普通室内分机

普通室内分机外形示意图如图 3.23 所示。

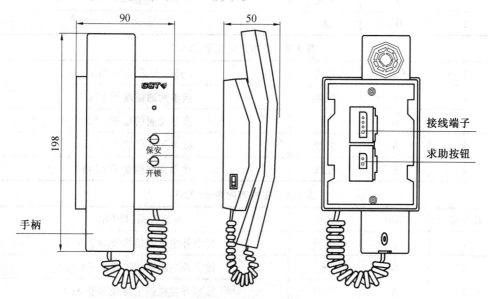

图 3.23　普通室内分机外形示意图

图 3.24 是已完成装配的普通室内分机安装效果图。

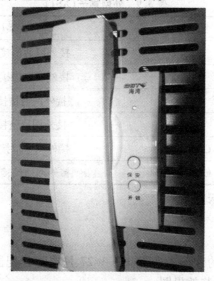

图 3.24　普通室内分机安装效果图

3.5.6　联 网 器

联网器对外接线端子说明见表 3.6～3.9。

表 3.6 电源端子(XS4)

端子序	标识	名称	连接关系(POWER)
1	D+	电源	电源 D
2	D−	地	电源 G

表 3.7 室内方向端子(XS2)

端子序	标识	名称	连接关系(USER1)
1	V	视频	接单元通信端子 V(1)
2	G	地	接单元通信端子 G(2)
3	A	音频	接单元通信端子 A(3)
4	Z	总线	接单元通信端子 Z(4)

表 3.8 室外方向端子(XS3)

端子序	标识	名称	连接关系(USER2)
1	V	视频	接室外主机通信接线端子 V(1)
2	G	地	接室外主机通信接线端子 G(2)
3	A	音频	接室外主机通信接线端子 A(3)
4	Z/M12	总线	接室外主机通信接线端子 Z(4)或门前铃电源端子 M12

表 3.9 外网端子(XS1)

端子序	标识	名称	连接关系(OUTSIDE)
1	V1	视频 1	接外网通信接线端子 V1(1)
2	V2	视频 2	接外网通信接线端子 V2(2)
3	G	地	接外网通信接线端子 G(3)
4	A	音频	接外网通信接线端子 A(4)
5	CL	CAN 总线	接外网通信接线端子 CL(5)
6	CH	CAN 总线	接外网通信接线端子 CH(6)

图 3.25 是联网器接线示意图。

3.5.7 层间分配器

图 3.26 是层间分配器的外形示意图。图 3.27 是层间分配器的安装示意图。图 3.28 是已完成装配的层间分配器安装效果图。

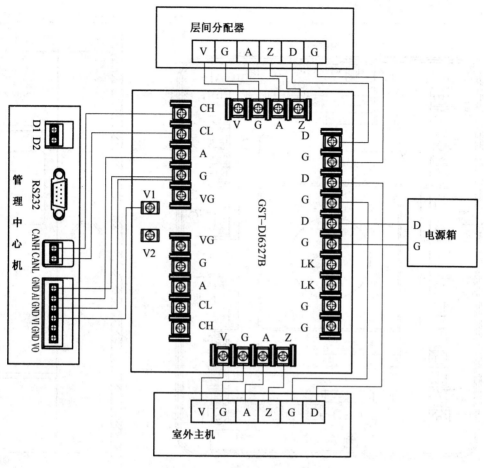

图 3.25　联网器接线示意图

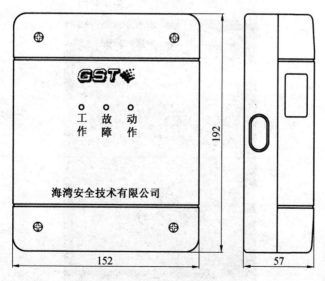

图 3.26　层间分配器外形示意图

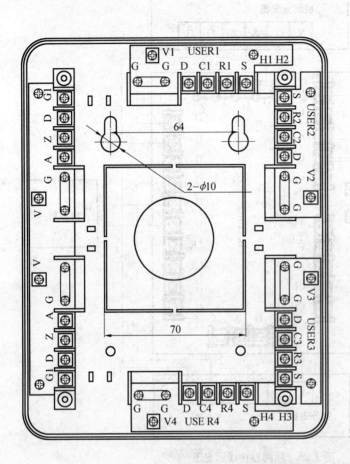
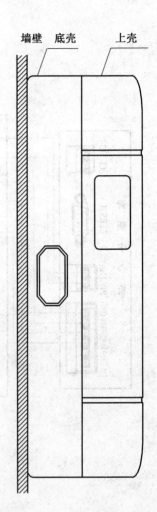

图 3.27 层间分配器安装示意图

图 3.28 层间分配器安装效果图

3.5.8　安防探测器

1. 紧急求助按钮(图 3.29)

当银行、住宅、机关、工厂等场合出现入室抢劫、盗窃等险情或其他异常情况时,往往需要采用人工操作来实现紧急报警,这时可采用紧急报警按钮开关,将紧急求助按钮安装在"智能小区"室内,位置要适中,便于操作。

2. 门磁(图 3.30)

门磁是由永久磁铁及干簧管(又称磁簧管或磁控管)两部分组成的。干簧管是一个内部充有惰性气体(如氨气)的玻璃管,里面装有两个金属簧片,形成触点。固定端和活动端分别安装在"智能小区"的门框和门扇上。

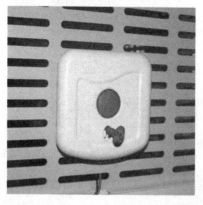

图 3.29　紧急求助按钮安装效果图　　图 3.30　门磁安装效果图

3. 烟雾探测器(图 3.31)

烟雾探测器也称为感烟式火灾探测器、烟感探测器和感烟探测器等,主要应用于消防系统,在安防系统建设中也有应用。烟感探测器采用特殊结构设计的光电传感器,SMD 贴片加工工艺生产,具有灵敏度高、稳定可靠、低功耗、美观耐用、使用方便等特点。电路和电源可自检,并可进行模拟报警测试。

4. 红外探测器(图 3.32)

被动红外探测器又称热感式红外探测器。它的特点是不需要附加红外辐射光源,本身不向外界发射任何能量,而是探测器直接探测来自移动目标的红外辐射,因此才有被动式支撑。任何物体,包括生物和矿物体,因表面温度不同,都会发

图 3.31　烟雾探测器安装效果图

出强弱不同的红外线。各种不同物体辐射的红外线波长也不同,人体辐射的红外线波长在 10 μm 左右,而被动式红外探测器件的探测波是 8 ~ 14 μm,因此,能较好地探测到活动的人体跨入禁区段,从而发出警戒报警信号。被动式红外探测器按结构、警戒范围及探测距离的不同,可分为单波束型和多波束型两种。单波束型采用反射聚焦式光学系统,其警戒视角较窄,一般小于5°,但作用距离较远(可达百米);多波束型采用透镜聚集式光学系统,用于大视角警戒,可达90°,作用距离只有几米到十几米,一般用于对重要出入口入侵警戒及区域防护,安装

在门口附近,并且方向要面向门口以保证其灵敏度。

5. 幕帘探测器(图 3.33)

幕帘探测器一般采用红外双向脉冲计数的工作方式,即 A 方向到 B 方向报警,B 方向到 A 方向不报警,因幕帘探测器的报警方式具有方向性,所以也称方向幕帘探测器。幕帘探测器具有入侵方向识别能力,用户从内到外进入警戒区,不会触发报警,在一定时间内返回不会引发报警,只有非法入侵者从外界侵入才会触发报警,极大地方便了用户在设防的警戒区域内活动,同时又不触发报警系统。

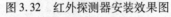
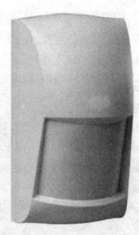

图 3.32   红外探测器安装效果图   图 3.33   幕帘探测器安装效果图

6. 红外对射探测器(图 3.34)

主动红外探测器目前采用最多的是红外线对射式。由一个红外线发射器和一个接收器,以相对方式布置组成。当非法入侵者横跨门窗或其他防护区域时,挡住了不可见的红外光束,从而引发报警。为防止非法入侵者可能利用另一个红外光束来瞒过探测器,探测器的红外线必须先调制到指定的频率再发送出去,而接收器也必须配有频率与相位鉴别电路来判别光束的真伪,或防止日光等光源的干扰。一般较多应用于周界防护探测,该探测器是用来警戒院落周边最基本的探测器。其原理是用肉眼看不到的红外线光束形成一道保护开关。可安装在"智能大楼"的门口两侧,位置要适中。

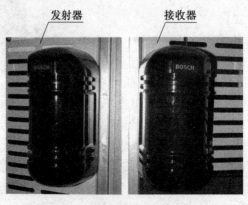

图 3.34   红外对射报警器安装效果图

7. 室内安防接线图（图 3.35）

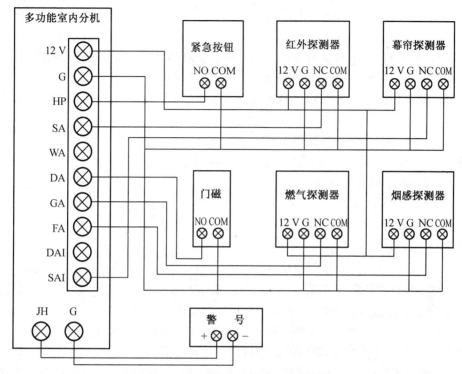

图 3.35 室内安防接线图

3.6 可视对讲门禁子系统功能调试

3.6.1 多功能室内机的安装连接与使用

1. 调试

调试状态（适用于 GST–DJ6815/15C/25/25C 型号室内分机）。

（1）按下室内分机上的"#"键，听到一短音提示音后松开，按"0"键，"◁×"（工作灯）红绿闪亮、"🏠"（布防灯）闪亮，提示输入超级密码，输入超级密码后，按"#"键确认。

（2）如输入密码正确，"🏠"（布防灯）灭，有两声短音提示，进入调试状态；若输入密码错误，则"◁×"（工作灯）恢复为原来状态，"🏠"（布防灯）闪亮且有快节奏的声音提示，若此时想进入调试状态，需按"＊"键退出当前状态，再次按（1）步骤重新操作。

进入调试状态后，若室内分机被设置为接受呼叫只振铃不显示图像模式，"✉"（短信灯）亮。按照下列步骤进行调试。

步骤1：按"1"键，更改自身地址。地址必须为4位，由0~9数字组合。若输入的是有效地址，按"#"键后有一声长音提示室内分机更改为新地址；若输入的地址无效或小于4位，按"#"键，则有快节奏的声音提示错误；若想继续更改地址，需再按一下"1"键，然后重新进行此步骤操作。

步骤2:按"2"键,设置显示模式。按一次,显示模式改变一次。"✉"(短信灯)亮时,室内分机设置为接受呼叫只振铃不显示图像模式;"✉"(短信灯)不亮时,室内分机为正常显示模式。

步骤3:按"3"键,与一号室外主机可视对讲。要进行此项调试时,需先退出步骤4状态。如正在步骤4状态可按"6"键退出,再按"3"键进入此项调试。

步骤4:按"4"键,与一号门前铃可视对讲。要进行此项调试时,需先退出步骤3状态。如正在步骤3状态可按"6"键退出,再按"4"键进入此项调试。

步骤5:按"5"键,恢复出厂撤防密码。

步骤6:按"6"键,正在可视对讲时,结束可视对讲。

按"＊"键,退出调试状态。

默认超级密码为620818。

2. 使用

(1)呼叫、通话及开锁。

用室外主机、门前铃、小区门口机或管理中心机呼叫室内分机时,室内分机振铃且"◁×"(工作灯)显示绿色、"✉"(短信灯)闪亮,摘机后可与室外主机、门前铃、小区门口机或管理中心机通话,如果是多室内分机,其他室内分机自动挂断。

室外主机、门前铃呼叫室内分机,室内分机响振铃(或通话)时,直接按"⚷"(开锁)键,可打开对应的电锁,室内分机停止响铃,摘机后可正常通话。

若按室内分机"⚷"(开锁)键后,室内分机仍振铃,但只延时5 s就关闭业务。通话过程中挂机,结束通话。室内分机接受呼叫时,可显示来访者的图像。

(2)监视。

摘机/挂机时,按"👁"(监视)键,显示本单元室外主机的图像,如本单元有多个入口,可依次监视各个入口的图像。15 s内按"👁"(监视)键,室内分机会监视下一室外主机的图像。

若室内分机带有门前铃,按下"👁"(监视)键2 s(有一短音提示),可监视门前铃图像,如接有多个门前铃,再按一下"👁"(监视)键,可依次监视各个门前铃的图像。15 s内按"👁"(监视)键,室内分机会监视下一个门前铃的图像。

监视过程中摘机,可与被监视的设备通话(监视单门前铃时,监视4 s后,摘机才可与门前铃通话)。

(3)呼叫室外主机。

室内分机摘机后,按"⚷"(开锁)键2 s(有一短音提示),室内分机呼叫室外主机。

(4)呼叫管理中心。

室内分机摘机后,按"📟"(呼叫)键,呼叫管理中心机。管理中心机响铃并显示室内分机的号码,管理中心摘机可与室内分机通话,通话完毕,挂机。若通话达到限时时间管理中心机和室内分机自动挂机。

(5)户户对讲。

直接呼叫(适用于 GST-DJ6815/15C/25/25C)。

室内分机摘机,按小键盘上"#"键,"◁×"(工作灯)亮,输入房间号,按下"#"键,可呼叫本单元住户;输入栋号单元号房间号,按下"#"键,呼叫联网其他单元的室内分机。

（6）设置功能。

室内分机挂机时，按"✉"（短信）键 2 s（有一短音提示），室内分机进入设置状态，"✉"（短信灯）快闪。

在设置状态下：

①按"📢"（呼叫）键，进入设置铃声状态；

②按"👁"（监视）键，进入设置是否免打扰状态。

③按"✉"（短信）键，退出设置状态。

（7）铃声设置。

进入设置铃声状态后，可听到当前设定的被呼叫时的铃声。

按下"🔑"（开锁）键，会听到上一首音乐铃，按下"👁"（监视）键，将听到下一首音乐铃，依次循环，共有 30 种音乐铃。当听到自己满意的音乐铃声时，按下"✉"（短信）键，响一声长嘟音，确认保留设置，退出设置状态。若 15 s 内不按"✉"（短信）键退出设置模式，不作任何保留，则铃声为原来的铃声。

（8）免打扰设置。

进入设置是否免打扰状态后，若"免扰"灯"◁×"（工作灯）呈红色，则为免扰状态；若"免扰"灯"◁×"（工作灯）变绿色，则为退出免扰状态。

按一次"👁"（监视）键，状态改变一次。按"✉"（短信）键退出。

另外，带小按键的室内分机（GST-DJ6815/15C/25/25C），其免扰功能还可以通过如下的方式进行设置：

待机状态，按"免扰"键（数字键 4）2 s，"免扰"灯亮（"◁×"（工作灯）变红色），进入免扰状态。再按"4""◀×"键，退出免扰状态，"免扰"灯灭（"◁×"（工作灯）变绿色）。

注：免扰状态时呼叫室内分机，不响振铃。

（9）撤布防操作（适用于 GST-DJ6815/15C/25/25C）。

①布防。

室内分机可设置"外出布防"和"居家布防"两种布防模式。按"外出布防"键，进入外出预布防状态，"🏠"（布防灯）快闪，延时 60 s 进入外出布防状态，此时"🏠"（布防灯）亮。

按"居家布防"键，进入居家布防状态，"🏠"（布防灯）亮。在居家布防状态，若按"外出布防"键，则进入外出预布防状态。

在外出布防状态，按"居家布防"键需输入撤防密码，若输入密码正确，则进入居家布防状态。

外出布防状态响应红外探测器、门磁、窗磁、火灾探测器、燃气泄漏探测器报警；居家布防状态响应门磁、窗磁、火灾探测器、燃气泄漏探测器报警。

注意：室内分机进入外出预布防状态后，请尽快离开红外报警探测区，并关好门窗，否则 1 min 后将触发红外报警或门窗磁报警。

②撤防。

在"布防"状态，按"撤防"键进入撤防状态，"🏠"（布防灯）慢闪，输入撤防密码。按"#"键，若听到一声长音提示，则表示已退出当前的布防状态；若听到快节奏的错误提示声音，3 次输入撤防密码错误,则向管理中心传递防拆报警信息,并显示本地报警提示。

③撤防密码更改。

待机状态,按下"撤防"键2 s(有一短声提示音),进入撤防密码更改状态,"🏠"(布防灯)慢闪。输入原密码并按"#"键,若密码正确,听到两声短音提示,可输入新密码,按"#"键,听到两声短音提示再次输入新密码,若两次输入的新密码一致,再按"#"键,会听到一声长音提示,表示密码修改成功,启用新的撤防密码。若两次输入的新密码不一致,按"#"键,会听到快节奏的错误提示声音,此时密码仍为原密码。若想继续修改密码,输入新密码,按"#"键听到两声短音,提示再次输入新密码,若两次输入的新密码一致,按"#"键,会听到一声长音提示,表示密码修改成功,启用新的撤防密码。出厂默认没有密码。密码为6位数字。

注意:请牢记密码,以备撤防时使用;密码由0~9十个数字键构成,密码可以是0到6位。出厂默认没有密码。

(10)紧急求助功能。

按下室内分机自带的紧急求助按钮,求助信号可上传到管理中心机,管理中心机收到求助信号并显示紧急求助的室内分机号,"◁×"(工作灯)红绿色闪亮2 min。

(11)安防报警(适用于GST-DJ6815/15C/25/25C)。

室内分机具有报警接口,支持烟感探测器、红外探测器、门磁、窗磁和可燃气体探测器的报警。当检测到报警信号时,室内分机则向管理中心报相应的警情,相应指示灯变亮,响报警音3 min。

防盗探测器包括红外探测器、窗磁、门磁等,它们只有在布防状态时才起作用。在外出布防状态,全部可以报警;在居家布防状态,只有窗磁、门磁起作用。红外和门磁报警按接口分为立即报警和延时报警,窗磁只有立即报警接口。延时报警设备的延时时间为45 s。

当检测到火警时,"🔥"(火警灯)亮;检测到燃气报警时,"🛢"(燃气灯)亮;检测到盗警时,"🔔"(盗警灯)亮。报警状态报警端子JH口有DC14.5 V~DC18.5 V的电压输出。

若要清除报警声音、警铃声音,则进行如下操作:

①未布防时,按" * "键,报警声音、警铃声音停止。

②布防时,室内分机撤防后,报警声音、警铃声音停止。

(12)显示器亮度调节,对比度调节,振铃音量调节。

①亮度调节。

为了保护视力,不要把亮度调得太高,白天环境光线太亮的时候,亮度应适当加大;夜间应适当减小亮度,以不显得刺眼。

②对比度调节。

若图像同底色的反差小,图像发浑,可适当增大对比度,使图像清晰、鲜艳。

③振铃音量调节。

通过调节振铃音量电位器,调节振铃声音的大小。

注意:旋钮不可用力过大或过度旋转。

(13)密码、地址初始化。

设置方法:按住"📳"(呼叫)键后,给可视室内机重新上电,听到提示音后按住"🔑"(开锁)键2 s(有一短音提示),室内分机地址恢复为默认地址101,撤防密码初始化为默认密码

（适用于 GST-DJ6815/15C/25/25C）。

进行此项设置后,密码、地址初始化为默认值。

3. 常见故障及解决方法

常见故障及解决方法见表3.10。

表3.10 常见故障及解决方法

序号	故障现象	故障原因分析	排除方法
1	开机指示灯不亮	电源线未接好	接好电源线
2	无法呼叫或无法响应呼叫	1. 通信线未接好 2. 室内分机电路损坏	1. 接好通信线 2. 更换室内分机
3	被呼叫时没有铃声	1. 扬声器损坏 2. 处于免扰状态	1. 更换室内分机 2. 恢复到正常状态
4	室外主机呼叫室内分机或室内分机监视室外主机时显示屏不亮	1. 显示模组接线未接好 2. 显示模组电路故障 3. 室内分机处于节电模式	1. 检查显示模组接线 2. 更换室内分机 3. 系统电源恢复正常,显示屏可正常显示
5	能够响应呼叫,但通话不正常	音频通道电路损坏	更换室内分机

3.6.2 门前铃的安装连接与使用

1. 使用及操作

（1）呼叫、通话。

按门前铃的呼叫键呼叫室内分机,室内分机振铃,室内分机可显示来访者的图像。摘机,双方可进行通话。通话限时45 s。

（2）配合室内分机监视门外图像。

在摘机状态下,按室内分机的"监视"键,通过门前铃可监视门外图像。监视限时45 s。

注:仅 GST-DJ6506/06C 具备显示来访者的图像功能。

2. 故障分析与排除（表3.11）

表3.11 故障分析与排除

序号	故障现象	原因分析	排除方法
1	按呼叫键无呼叫信号	门前铃电路损坏	更换门前铃
2	无图像显示	通信线路故障或门前铃损坏	更换门前铃
3	不能进行通话		

3.6.3 普通室内机的安装连接与使用

1. 调试

普通室内机地址设置。

操作系统室外主机处于室内分机地址设置状态(详见室外主机1.（1）步操作),室内分机摘机呼叫地址为9501的室外主机或室外主机呼叫室内分机摘机后通话,在室外主机上输入欲设置的室内分机地址,按室外主机上"确认"键,当室外主机闪烁显示室内分机新设地址时,表明设置地址成功。

2. 使用及操作

（1）呼叫及通话。

在室外主机、管理中心机或同户室内分机呼叫另一室内分机时，室内分机振铃（免打扰状态下不振铃，仅指示灯闪亮），一台室内分机摘机可与室外主机、管理中心机或同户室内分机通话，同户的其他室内分机停止振铃，摘挂机无响应。室内分机振铃或通话时，按"开锁"键可打开对应单元门的电锁，室内分机振铃时按下"开锁"键，室内分机停止振铃，摘机可正常通话。室内分机振铃时间为 45 s，通话时间为 45 s。

（2）呼叫室外主机。

对讲室内分机待机状态下，摘机 3 s 后，自动呼叫地址为 9501 的室外主机，可与室外主机对讲，通话时间为 45 s。

（3）呼叫管理中心。

摘机后若按"保安"键，则呼叫管理中心机。管理中心机响铃，并显示室内分机的号码，管理中心摘机可与室内分机通话，通话完毕，挂机。若通话时间超过 45 s，管理中心机和室内分机自动挂机。

（4）模组显示方式设置及地址初始化。

设置方法：按住"保安"键后，给对讲室内机重新上电，听到提示音后，按住"开锁"键 3 s，当听到提示音后松开"开锁"键，室内分机地址便恢复为默认地址 101。

注意：对 GST-DJ6209 室内分机，设置过程中必须是处于挂机状态，才会有声音提示。

3.6.4 室外主机的安装连接与使用

1. 调试

（1）室外主机设置状态。

给室外主机上电，若数码管有滚动显示的数字或字母，则说明室外主机工作正常。系统正常使用前应对室外主机地址、室内分机地址进行设置，联网型的还要对联网器地址进行设置。按"设置"键，进入设置模式状态，设置模式分为 $\boxed{F1}$ ~ $\boxed{F12}$。每按一下"设置"键，设置项切换一次，即按一次"设置"键进入设置模式 $\boxed{F1}$，按两次"设置"键进入设置模式 $\boxed{F2}$，依此类推。室外主机处于设置状态（数码显示屏显示 $\boxed{F1}$ ~ $\boxed{F12}$）时，可按"取消"键或延时自动退出到正常工作状态。

F1 ~ F12 的设置见表 3.12。

表 3.12 室外主机设置

按键	设置内容	按键	设置内容
F1	住户开门密码	F2	设置室内分机地址
F3	设置室外主机地址	F4	设置联网器地址
F5	修改系统密码	F6	修改公用密码
F7	设置锁控时间	F8	注册 IC 卡
F9	删除 IC 卡	F10	恢复 IC 卡
F11	视频及音频设置	F12	设置短信层间分配器地址范围

（2）室外主机地址设置。

按"设置"键，直到数码显示屏显示 `F3`，按"确认"键，显示 `----`，正确输入系统密码后显示 `---`，输入室外主机新地址（1～9），然后按"确认"键，即可设置新室外主机的地址。

注意：一个单元只有一台室外主机时，室外主机地址设置为1。如果同一个单元安装多个室外主机，则地址应按照1～9的顺序进行设置。

（3）室内分机地址设置。

按"设置"键，直到数码显示屏显示 `F2`，按"确认"键，显示 `----`，正确输入系统密码后显示 `S_ON`，进入室内分机地址设置状态。此时室内分机摘机等待3 s后可与室外主机通话（或室外主机直接呼叫室内分机，室内分机摘机与室外主机通话），数码显示屏显示室内分机当前的地址。然后按"设置"键，显示 `----`，按数字键，输入室内分机地址，按"确认"键，显示 `LISN`，等待室内分机应答。15 s内接到应答闪烁显示新的地址码，否则显示 `NtSP`，表示室内分机没有响应。2 s后，数码显示屏显示 `S_ON`，可继续进行分机地址的设置。

注意：在室内分机地址设置状态下，若不进行按键操作，数码显示屏将始终保持显示 `S_ON`，不自动退出。连续按下"取消"键，可退出室内分机地址的设置状态。

（4）联网器楼号单元号设置。

按"设置"键，直到数码显示屏显示 `F4`，按"确认"键，显示 `----`，正确输入系统密码后，先显示 `Addt`，再显示联网器当前地址（在未接联网器的情况下一直显示 `Addt`），然后按"设置"键，显示 `----`，输入三位楼号，按"确认"键，显示 `---`，输入两位单元号，按"确认"键，显示 `LISN`，等待联网器的应答。15 s内接到应答，则显示 `SUCC`，否则显示 `NtSP`，表示联网器没有响应。2 s后返回至 `F4` 状态。在有矩阵切换器存在的情况下，设置楼号单元号时需配合矩阵切换器学习的操作，即当矩阵切换器处于学习状态下时，再进行楼号单元号的设置，具体操作参照"GST-DJ6708/8/16矩阵切换器安装使用说明书"。

注意：

①在设置楼号时，可以输入字母A、B、C、D，按"呼叫"键输入A，"密码"键输入B，"保安"键输入C，"设置"键输入D。

②楼号单元号不应设置为：楼号"999"单元号"99"和楼号"999"单元号"88"，这两个号均为系统保留号码。

2. 使用及操作

（1）室外主机呼叫室内分机。

输入"门牌号"+"呼叫"键或"确认"键或等待4 s，可呼叫室内分机。

现以呼叫"102"号住户为例来进行说明。输入"102"，按"呼叫"键或"确认"键或等待4 s，数码显示屏显示 `CALL`，等待被呼叫方的应答。接到对方应答后，显示 `CHAt`，此时室内分机已经接通，双方可以进行通话。通话期间，室外主机会显示剩余的通话时间。在呼叫、通话期间室内分机挂机或按下正在通话的室外主机的"取消"键可退出呼叫或通话状态。如果双方都没有主动发出终止通话命令,室外主机会在呼叫、通话时间到后自动挂断。

(2)室外主机呼叫管理中心。

按"保安"键,数码显示屏显示 `CALL`,等待管理中心机应答,接收到管理中心机的应答后显示 `CHAT`,此时管理中心机已经接通,双方可以进行通话。室外主机与管理中心之间的通话可由管理中心机中断或在通话时间到后自动挂断。

(3)住户开锁密码设置。

按"设置"键,直到数码显示屏显示 `F1`,按"确认"键,显示 `----`,输入门牌号,按"确认"键,显示 `----`,等待输入系统密码或原始开锁密码(无原始开锁密码时只能输入系统密码),按"确认"键,正确输入系统密码或原始开锁密码后,显示 `P1`,按任意键或2 s后,显示 `----`,输入新密码。

按"确认"键,显示 `P2`,按任意键或2 s后显示 `----`,再次输入新密码,按"确认"键,如果两次输入的密码相同,保存新密码,并且显示 `SUCC`,开锁密码设置成功,2 s后显示 `F1`;若两次新密码输入不一致显示 `Err.`,并返回至 `F1` 状态。若原始开锁密码输入不正确显示 `Err.`,并返回至 `F1` 状态,可重新执行上述操作。

注意:

①系统正常运行时,同一单元若存在多个室外主机,只需在一台室外主机上设置用户密码。

②门牌号由4位组成,用户可以输入1~8999之间的任意数。

③如果输入的门牌号大于8999或为0,均被视为无效号码,显示 `Err.`,并有声音提示,2 s后显示 `----`,示意重新输入门牌号。

④开锁密码长度可以为1~4位。

⑤每个住户只能设置一个开锁密码。

⑥用户密码初始为无。

(4)公用开门密码修改。

按"设置"键,直到数码显示屏显示 `F6`,按"确认"键,显示 `----`,正确输入系统密码后显示 `P1`,按任意键或2 s后显示 `----`,输入新的公用密码,按"确认"键,显示 `P2`,按任意键或2 s后显示 `----`,再次输入新密码,按"确认"键,如果两次输入的新密码相同,则显示 `SUCC`,表示公用密码已成功修改;若两次输入的新密码不同,则显示 `Err.`,表示密码修改失败,退出设置状态,返回至 `F6` 状态。

(5)系统密码修改。

按"设置"键,直到数码显示屏显示 `F5`,按"确认"键,显示 `----`,正确输入系统密码后显示 `P1`,按任意键或2 s后显示 `----`,然后输入新密码,按"确认"键,显示 `P2`,按任意键或2 s后显示 `----`,再次输入新密码,按"确认"键,如果两次输入的新密码相同,则显示 `SUCC`,表示系统密码已成功修改;若两次输入的新密码不同,则显示 `Err.`,表示密码修改失败,退出设置状态,返回至 $\boxed{FS}$ 状态。

注意:原始系统密码为"200406",系统密码长度可为 1～6 位,输入系统密码多于 6 位时,取前 6 位有效,更改系统密码时,不要将系统密码更改为"123456",以免与公用密码发生混淆。

在通信正常的情况下,在室外主机上可设置系统的密码,只需设置一次。

(6)注册 IC 卡。

多次按"设置"键,直到数码显示屏显示 $\boxed{F8}$,按"确认"键,显示 $\boxed{----}$,正确输入系统密码后显示 $\boxed{F\Pi1}$,按"设置"键,可以在 $\boxed{F\Pi1}$ ～ $\boxed{F\Pi4}$ 间进行选择,具体说明如下:

$\boxed{F\Pi1}$:注册的卡在小区门口和单元内有效。输入房间号+"确认"键+卡的序号(即卡的编号,允许范围为 1～99)+"确认"键,显示 $\boxed{tE6}$ 后,刷卡注册。

$\boxed{F\Pi2}$:注册巡更时开门的卡。输入卡的序号(即巡更人员编号,允许范围为 1～99)+"确认"键,显示 $\boxed{tE6}$ 后,刷卡注册。

$\boxed{F\Pi3}$:注册巡更时不开门的卡。输入卡的序号(即巡更人员编号,允许范围为 1～99)+"确认"键,显示 $\boxed{tE6}$ 后,刷卡注册。

$\boxed{F\Pi4}$:管理员卡注册。输入卡的序号(即管理人员编号,允许范围为 1～99)+"确认"键,显示 $\boxed{tE6}$ 后,刷卡注册。

注意:注册卡成功提示"嘀嘀"2 声,注册卡失败提示"嘀嘀嘀"3 声;当超过 15 s 没有卡注册时,自动退出卡注册状态。

(7)删除 IC 卡。

按"设置"键,直到数码显示屏显示 $\boxed{FS}$,按"确认"键,显示 $\boxed{----}$,正确输入系统密码后显示 $\boxed{F\Pi1}$,按"设置"键,可以在 $\boxed{F\Pi1}$ ～ $\boxed{F\Pi4}$ 间进行选择,具体对应如下:

$\boxed{F\Pi1}$:进行刷卡删除。按"确认"键,显示 $\boxed{CAtd}$,进入刷卡删除状态,进行刷卡删除。

$\boxed{F\Pi2}$:删除指定用户的指定卡。输入房间号+"确认"键+卡的序号+"确认"键,显示 $\boxed{dEL}$,删除成功提示"嘀嘀"2 声,然后返回 $\boxed{F\Pi2}$ 状态。

删除指定巡更卡:进入 $\boxed{F\Pi2}$,输入"9968"+"确认"键+卡的序号+"确认"键,显示 $\boxed{dEL}$,删除成功提示"嘀嘀"2 声,然后返回 $\boxed{F\Pi2}$ 状态。

删除指定巡更开门卡:进入 $\boxed{F\Pi2}$,输入"9969"+"确认"键+卡的序号+"确认"键,显示 $\boxed{F\Pi2}$,删除成功提示"嘀嘀"2 声,然后返回 $\boxed{F\Pi2}$ 状态。

删除指定管理员卡:进入 $\boxed{F\Pi2}$,输入"9966"+"确认"键+卡的序号+"确认"键,显示 $\boxed{dEL}$,删除成功提示"嘀嘀"2 声,然后返回 $\boxed{F\Pi2}$ 状态。

$\boxed{F\Pi3}$:删除某户所有卡片。输入房间号+"确认"键,显示 $\boxed{dEL}$,删除成功提示"嘀嘀"2 声,然后返回 $\boxed{F\Pi3}$ 状态。

删除所有巡更有什么不同卡:进入 $\boxed{F\Pi3}$,输入"9968"+"确认"键,显示 $\boxed{dEL}$,删除成功提示"嘀嘀"2 声,然后返回 $\boxed{F\sqcap 3}$ 状态。

删除所有巡更开门卡:进入 $\boxed{F\sqcap 3}$,输入"9969"+"确认"键,显示 $\boxed{dEL}$,删除成功提示"嘀嘀"2 声,然后返回 $\boxed{F\sqcap 3}$ 状态。

删除所有管理员卡:进入 $\boxed{F\sqcap 3}$,输入"9966"+"确认"键,显示 $\boxed{dEL}$,删除成功提示"嘀嘀"2 声,然后返回 $\boxed{F\sqcap 3}$ 状态。

$\boxed{F\sqcap 4}$:删除本单元所有卡片。按"确认"键,显示 $\boxed{----}$,正确输入系统密码后,按"确认"键显示 $\boxed{dEL}$,删除成功提示急促的"嘀嘀"声 2 s,然后返回 $\boxed{F\sqcap 4}$ 状态。

(8)恢复删除的本单元所有卡。

由于误操作将本单元的所有注册卡片删除后,在没有进行注册和其他删除之前可以恢复原注册卡片。操作方法是进入设置状态,在显示 $\boxed{F10}$ 时,按"确认"键,显示 $\boxed{----}$,正确输入系统密码后,按"确认"键显示 $\boxed{rECO}$,3 s 后返回 $\boxed{F10}$,撤销成功后听到提示"嘀嘀"2 声。

(9)住户密码开门。

输入"门牌号"+"密码"键+"开锁密码"+"确认"键。

门打开时,数码显示屏显示 $\boxed{OPEN}$ 并有声音提示。若开锁密码输入错误,显示 $\boxed{----}$,示意重新输入。如果密码连续 3 次输入不正确,自动呼叫管理中心,显示 $\boxed{CALL}$。输入密码多于 4 位时,取前 4 位有效。按"取消"键,可以清除新键入的数,如果在显示 $\boxed{----}$ 的时候,再次按下"取消"键,便会退出操作。

(10)胁迫密码开门。

如果住户密码开门时输入的密码末位数加 1(如果末位为 9,加 1 后为 0,不进位),则作为胁迫密码处理:①与正常开门时的情形相同,门被打开;②有声音及显示给予提示;③向管理中心发出胁迫报警。

(11)公用密码开门。

按下"密码"键+"公用密码"+"确认"键。系统默认的公用密码为"123456"。

门打开时,数码显示屏显示 $\boxed{OPEN}$,并伴有声音提示。如果密码连续 3 次输入不正确,自动呼叫管理中心,显示 $\boxed{CALL}$。

(12)IC 卡开门。

将 IC 卡放到读卡窗感应区内,会听到"嘀"的一声后,即可进行开门。

注意:住户卡开单元门时,室外主机会对该住户的室内分机发送撤防命令。

(13)设置锁控时间。

按"设置"键,直到数码显示屏显示 $\boxed{F7}$,按"确认"键,显示 $\boxed{----}$,正确输入系统密码后显示 $\boxed{--\_\_}$,输入要设置的锁控时间(单位为 s),按"确认"键,设置成功显示 $\boxed{SUCC}$,设置失败显示 $\boxed{Err.}$,3 s 后返回 $\boxed{F7}$。出厂默认锁控时间为 3 s。

(14)摄像头预热开关设置。

按"设置"键,直到数码显示屏显示 $\boxed{F11}$,按"确认"键,显示 $\boxed{----}$,正确输入系统密码后显示 $\boxed{F\sqcap 1}$,按"确认"键,进入 $\boxed{F\sqcap 1}$,数码管显示当前室外主机摄像头预热开关的设置状态$\boxed{U\_on}$或$\boxed{UOFF}$,按"设置"键在开、关状态间切换,按"确认"键存储当前设置,设置成功显示$\boxed{SUCC}$,然后返回$\boxed{F11}$状态。出厂默认设置为关。

（15）音频静噪设置。

按"设置"键,直到数码显示屏显示$\boxed{F11}$,按"确认"键,显示$\boxed{\_\_\_\_}$,正确输入系统密码后显示$\boxed{Fn1}$,按"设置"键切换到$\boxed{Fn2}$,按"确认"键,进入$\boxed{Fn2}$,数码管显示当前静噪设置的状态$\boxed{A\_on}$或$\boxed{AOFF}$,按"设置"键在开、关状态间切换,按"确认"键存储当前设置,设置成功显示$\boxed{SUCC}$,然后返回$\boxed{F11}$状态。出厂默认设置为开。

（16）节电模式设置。

按"设置"键,直到数码显示屏显示$\boxed{F11}$,按"确认"键,显示$\boxed{\_\_\_\_}$,正确输入系统密码后显示$\boxed{Fn1}$,按两次"设置"键切换到$\boxed{Fn3}$,按"确认"键进入,数码管显示当前节电模式的设置状态$\boxed{A\_on}$或$\boxed{POFF}$,按"设置"键在开、关状态间切换,按"确认"键存储当前设置,设置成功显示$\boxed{SUCC}$,然后返回$\boxed{F11}$状态。出厂默认设置为关。

（17）恢复系统密码。

使用过程中系统的密码可能会丢失,此时有些设置操作就无法进行,需提供一种恢复系统密码的方法。按住"8"键后,给室外主机重新加电,直至显示$\boxed{SUCC}$,表明系统密码已恢复成功。

（18）恢复出厂设置。

按住"设置"键后,给室外主机重新加电,直至显示$\boxed{bUSY}$,松开按键,等待显示消失,表示恢复出厂设置。出厂设置的恢复,包括恢复系统密码、删除用户开门密码、恢复室外主机的默认地址(默认地址为1)等,应慎用。

（19）防拆报警功能。

当室外主机在通电期间被非正常拆卸时,会向管理中心机报防拆报警。

3. 常见故障与排除

常见故障与排除见表3.13。

表3.13　常见故障分析与排除方法

序号	故障现象	原因分析	排除方法
1	住户看不到视频图像	视频线没有接好	重新接线,将视频输入和视频输出线交换
2	住户听不到声音	音频线没有接好	重新接线,将音频输入和音频输出线交换
3	按键时LED数码管不亮,没有按键音	无电源输入	检查电源接线
4	刷卡不能开锁或不能巡更	卡没有注册或注册信息丢失	重新注册
5	室内分机无法监视室外主机	室外主机地址不为1	重新设定室外主机分机地址,使其为1
6	室外主机一上电就报防拆报警	防拆开关没有压住	重新安装室外主机

3.6.5　管理中心机的安装连接与使用

1. 调试

（1）自检。

正确连接电源、CAN 总线和音视频信号线，按住"确认"键上电，进入自检程序。此时，电源指示灯应点亮，液晶屏显示：

```
系统自检：
       确认？
```

按"确认"键系统进入自检状态，按其他任意键退出自检。首先进行 SRAM 和 EEPROM 的检验，如 SRAM 或 EEPROM 有错误，则液晶屏显示如下错误信息：

```
SRAM 错误：
请检查电路！
```
```
EEPROM 错误：
请检查电路！
```

SRAM 和 EEPROM 检测通过则进入键盘检测。依次按键"0"～"9""清除""确认"以及"呼叫""开锁"等所有功能键，显示屏应该显示输入键值。例如按"0"键，液晶屏显示：

```
键盘检测：
      您按了"0"键！
```

键盘检测通过后，按住"设置"键，再按"0"键，进入报警声音及振铃音检验，液晶屏显示：

```
声音检测：
请按键！
```

显示的同时播放警车声，按任意键播放下一种声音，播放顺序如下：

①急促的嘀嘀声；

②消防车声；

③救护车声；

④振铃声；

⑤回铃声；

⑥忙音。

播放忙音时按任意键进入音视频部分的检测，液晶屏显示：

```
音视频检测：
按键退出！
```

图像监视器应该被点亮。按"清除"键进入指示灯检测，最左边的指示灯点亮，此时液晶屏显示：

```
指示灯检测：
请按键！
```

按任意键熄灭当前点亮的指示灯，点亮下一个指示灯，如此重复直到最右边的指示灯点亮，此时按任意键，进入液晶对比度调节部分的检测，液晶屏显示：

调节对比度：
◀ ▓▓▓▓▓▓▓ ▶

按"◀"和"▶"键,调节液晶屏的对比度,按"◀"键减小对比度,按"▶"键增大对比度,将对比度调节到合适的位置。按"确认"或"清除"键,退出检测。

退出检测程序后,按任意键,背光灯点亮。如果上述所有检测都通过,说明此管理机基本功能良好。

注意:自检过程中若在30 s内没有按键操作,则自动退出自检状态。

(2)设置地址。

系统正常使用前需要设置系统内设备的地址。

GST-DJ6000可视对讲系统最多可以支持9台管理中心机,地址为1~9。如果系统中有多台管理中心机,管理中心机应该设置不同地址,地址从1开始连续设置,具体设置方法如下。

在待机状态下按"设置"键,进入系统设置菜单,按"◀"或"▶"键选择"设置地址?"菜单,液晶屏显示：

系统设置：
◀ 设置地址? ▶

按"确认"键,要求输入系统密码,液晶屏显示：

请输入系统密码：
▉

正确输入系统密码,液晶屏显示：

设置地址：
◀ 本机地址? ▶

按"确认"键进入管理中心机地址设置,液晶屏显示：

请输入地址：
▉

输入需要设置的地址值"1~9",按"确认"键,管理中心机存储地址,恢复音视频网络连接模式为手拉手模式,设置完成退出地址设置菜单。若系统密码3次输入错误,则退出地址设置菜单。

注意:管理中心机出厂时默认系统密码为"1234"。

管理中心机出厂地址设置为1。

(3)联调。

完成系统的配置以后可以进行系统的联调。

摘机,输入"楼号+'确认'+单元号+'确认'+950X+'呼叫'",呼叫指定单元的室外主机,与该机进行可视对讲。如能接通音视频,且图像和话音清晰,那么表示系统正常,调试通过。

如果不能很快接通音视频,管理中心机发出回铃音,液晶屏显示：

```
XXX-YY-950X：
正在呼叫.
```

等待一定时间后，液晶屏显示：

```
通信错误...
请检查通信线路！
```

如果出现上述现象表示 CAN 总线通信不正常，请检查 CAN 通信线的连接情况和通信线的末端是否并接终端电阻。

若液晶屏显示：

```
XXX-YY-950X：
正在通话.
```

此时看不到图像，或者听不到声音，或者既看不到图像，也听不到声音，说明 CAN 总线通信正常，音视频信号不正常，请检查音视频信号线连接是否正确。

说明：GST-DJ6406/08 的监视图像为黑白，GST-DJ6406C/08C 的监视图像为彩色，GST-DJ6405/07 只有监听功能，不能监视到图像。

2. 使用及操作

系统设置采用菜单逐级展开的方式，主要包括密码管理、地址、日期时间、液晶对比度调节、自动监视、矩阵、中英文界面的设置等。在待机状态下，按"设置"键进入系统设置菜单。

(1)菜单操作指南。

菜单的显示操作采用统一的模式，显示屏的第一行显示主菜单名称，第二行显示子菜单名称，按"◄"或"►"键，在同级菜单间进行切换；按"确认"键选中当前的菜单，进入下一级菜单；按"清除"返回上一级菜单。

当有光标显示时，提示可以输入字符或数字。字符以及数字的输入采用覆盖方式，不支持插入方式。在字符或数字的输入过程中，按"◄"或"►"键可左移或右移光标的位置，每按下一次移动一位。当光标不在首位时，"清除"键做退格键使用；当光标处在首位时，按"清除"键不存储输入数据。在输入过程中的任何时候，按"确认"键，存储输入内容退出。

(2)菜单说明。

①密码管理。

管理中心机设置两级操作权限，系统操作员可以进行所有操作，普通管理员只能进行日常操作。一台管理中心机只能有一个系统操作员，最多可以有 99 个普通管理员，即：一台管理中心机可以设置一个系统密码，99 个管理员密码。设置多组管理员密码的目的是针对不同的管理员分配不同的密码，从而可以在运行记录里详细记录值班管理人员所进行的操作，便于分清责任。

普通管理员可以由系统操作员进行添加和删除。输入管理员密码时要求输入"管理员号+'确认'+密码+'确认'"。若 3 次系统密码输入错误，则退出。

注意：系统密码是长度为 4~6 位的任意数字组合，出厂时默认系统密码为"1234"。管理员密码由管理员号和密码两部分构成，管理员号可以是 1~99，密码是长度为 0~6 位的任意数字组合。

a. 增加管理员。

在待机状态下按"设置"键,进入系统设置菜单,按"◀"或"▶"键选择"密码管理?"菜单,液晶屏显示:

```
系统设置:
◀  密码管理?  ▶
```

按"确认"键进入密码管理菜单,按"◀"或"▶"键选择"增加管理员?"菜单,液晶屏显示:

```
密码管理:
◀  增加管理员?  ▶
```

按"确认"键,提示输入系统密码,液晶屏显示:

```
请输入系统密码:
■
```

若密码正确,液晶屏显示:

```
请输入管理员号 #
*****
```

输入"管理员号+'确认'+密码+'确认'"。例如现在需要增加1号管理员,密码为123,则应该输入"'1'+'确认'+'1'+'2'+'3'+'确认'"(单引号内表示一次按键)。此时,管理中心机要求进行再次输入确认,液晶屏显示:

```
请再输入一次:
*****
```

如果2次输入不同,要求重新输入;如果2次输入完全相同,保存设置。

b. 删除管理员。

在待机状态下按"设置"键,进入系统设置菜单,按"◀"或"▶"键选择"密码管理?"菜单,液晶屏显示:

```
系统设置:
◀  密码管理?  ▶
```

按"确认"键进入密码管理菜单,按"◀"或"▶"键选择"删除管理员?"菜单,液晶屏显示:

```
密码管理:
◀  删除管理员?  ▶
```

按"确认"键,输入系统密码,液晶屏显示:

```
请输入系统密码:
■
```

正确输入密码后,输入需要删除的管理员号按"确认"键,系统提示确认删除操作。再次按下"确认"键完成管理员删除操作。

例如现在需要删除5号管理员,则应该输入"5",液晶屏显示:

请输入管理员号：
5

按下"确认"键液晶屏提示确认删除的管理员号,确认现在要删除 5 号管理员,液晶屏显示：

删除 05 管理员：
确认?

再次按下"确认"键,完成 5 号管理员的删除操作。

c. 修改系统密码或管理员密码。

在待机状态下按"设置"键,进入系统设置菜单,按"◄"或"►"键选择"密码管理?"菜单,液晶屏显示：

系统设置：
◄　密码管理?　►

按"确认"键进入密码管理菜单,按"◄"或"►"键选择"修改密码?"菜单,液晶屏显示：

密码管理：
◄　修改密码?　►

按"确认"键,液晶屏每隔 2 s 循环显示"请输入系统密码"和"或管理员#密码",液晶屏显示：

请输入系统密码
*****

或管理员＃密码：
*****
*****

输入原系统密码或管理员密码并按"确认"键,系统要求输入新密码,液晶屏显示：

请输入管理员号：
*****

管理员新密码：
*****

按"确认"键,再输入一次,确认输入无误,液晶屏显示：

请再输入一次：
*****

按"确认"键,若 2 次输入不同,要求重新输入,若 2 次输入完全相同,保存设置,设置完成,新密码生效。

②设置日期时间。

管理中心机的日期和时间在每次重新上电后要求进行校准,并且在以后的使用过程中,也应该进行定期校准。

a. 设置日期。

在待机状态下按"设置"键,进入系统设置菜单,按"◄"或"►"键,选择"设置日期时间?"菜单,液晶屏显示：

```
┌──────────────────────────┐
│      系统设置：           │
│   ◀  设置日期时间? ▶      │
└──────────────────────────┘
```

按"确认"键进入设置日期时间菜单,按"◀"或"▶"键选择"设置日期?"菜单,液晶屏显示:

```
┌──────────────────────────┐
│     设置日期时间：        │
│   ◀   设置日期?      ▶    │
└──────────────────────────┘
```

按"确认"键,输入系统密码或管理员密码,液晶屏显示:

```
┌──────────────────────────┐
│   请输入系统密码：        │
│   *****                   │
└──────────────────────────┘
```

如果密码正确,进入日期设置菜单,液晶屏显示:

```
┌──────────────────────────┐
│   设置日期：              │
│   ▌2003 年 02 月 25 日    │
└──────────────────────────┘
```

输入正确日期后,按"确认"键存储,并进入星期修改菜单,液晶屏显示:

```
┌──────────────────────────┐
│   设置星期：              │
│   星期▌                   │
└──────────────────────────┘
```

星期修改时,输入"0"表示星期天,"1"~"6"表示星期一至星期六。修改完成后,按"确认"键存储修改后星期;按"清除"键,不修改退出,设置完成。

b. 设置时间。

在待机状态下按"设置"键,进入系统设置菜单,按"◀"或"▶"键选择"设置日期时间?"菜单,液晶屏显示:

```
┌──────────────────────────┐
│      系统设置：           │
│   ◀  设置日期时间? ▶      │
└──────────────────────────┘
```

按"确认"键进入设置日期时间菜单,按"◀"或"▶"键选择"设置时间?"菜单,液晶屏显示:

```
┌──────────────────────────┐
│     设置日期时间：        │
│   ◀   设置时间?      ▶    │
└──────────────────────────┘
```

按"确认"键,输入系统密码或管理员密码,液晶屏显示:

```
┌──────────────────────────┐
│   请输入系统密码：        │
│   *****                   │
└──────────────────────────┘
```

如果密码正确,进入时间设置菜单,输入正确时间,液晶屏显示:

```
┌──────────────────────────┐
│   设置时间：              │
│   ▌0:35:30                │
└──────────────────────────┘
```

修改完成后,按"确认"键存储修改后时间;按"清除"键不修改退出,时间设置完成。

③调节对比度。

管理中心机的液晶显示屏明亮对比度采用数字控制,可以程序调节,调节方法如下。

在待机状态下按"设置"键,进入系统设置菜单,按"◄"或"►"键选择"调节对比度?"菜单,液晶屏显示:

> 系统设置:
> ◄ 调节对比度? ►

按"确认"键进入对比度调节菜单,按"◄"或"►"键调节对比度,按"◄"键减小液晶对比度,按"►"键增大液晶对比度,液晶屏显示:

> 调节对比度:
> ◄ ██████████░░░░░░ ►

调节好后按"确认"或"清除"键退出对比度调节菜单。

④设置自动监视。

管理中心机可以自动循环监视单元门口,每个门口监视 30 s。自动监视前需要设置起始楼号、终止楼号、每栋楼最大单元数和每单元最大门口数等参数。

a.起始楼号。

起始楼号指需要自动监视的第一栋楼,为"0"时,从小区门口机开始。在待机状态下按"设置"键,进入系统设置菜单,按"◄"或"►"键选择"设置自动监视?"菜单,液晶屏显示:

> 系统设置:
> ◄ 设置自动监视? ►

按"确认"键进入自动监视参数设置菜单,按"◄"或"►"键选择"起始楼号?"菜单,液晶屏显示:

> 设置自动监视:
> ◄ 起始楼号? ►

按"确认"键,提示输入起始楼号,液晶屏显示:

> 起始楼号:
> 1

输入楼号,按"确认"键存储起始楼号,退出,设置完成。

b.终止楼号。

终止楼号指需要自动监视的最后一栋楼。在待机状态下进入"设置自动监视"菜单,按"◄"或"►"键选择"终止楼号?"菜单,液晶屏显示:

> 设置自动监视:
> ◄ 终止楼号? ►

按"确认"键提示输入,输入起始楼号,液晶屏显示:

> 终止楼号:
> 25

输入楼号,按"确认"键存储终止楼号,退出,设置完成。

c. 每楼单元数。

每楼单元数指需要自动监视的所有楼中的最大单元数。在待机状态下进入自动监视参数设置菜单。按"◀"或"▶"键,选择"每楼单元数?"菜单,液晶屏显示:

```
设置自动监视:
◀ 每楼单元数? ▶
```

按"确认"键,提示输入最大单元数,此时液晶屏显示:

```
每楼单元数:
4
```

输入最大单元数,按"确认"键存储最大单元数,退出,设置完成。

d. 每单元门数。

每单元门数是指需要自动监视的所有楼中一单元的最大门数。在待机状态下,进入自动监视参数设置菜单。按"◀"或"▶"键,选择"每单元门数?"菜单,此时液晶屏显示:

```
设置自动监视:
◀ 每单元门数? ▶
```

按"确认"键,提示输入最大门数,液晶屏显示:

```
每单元门数:
1
```

输入所有楼中一单元的最大门数,按"确认"键存储退出,设置完成。

⑤设置人机接口界面语言。

管理中心机支持中文和英文显示界面,进入语言设置菜单,选中相应的语言,按"确认"键完成设置。

3. 正常显示(待机状态)

管理中心机在待机情况下,显示屏上行显示日期,下行显示星期和时间。例如:2004 年 5 月 31 日、星期一、13:08,液晶屏显示:

```
2004 年 05 月 31 日
星期一      13:08
```

如果没有通话,手柄摘机超过 30 s 时间,管理中心机提示手柄没有挂好,伴有"嘀嘀"提示音,液晶屏显示:

```
手柄没有挂好,
请挂好!
```

4. 呼叫

(1)呼叫单元住户。

在待机状态摘机,输入"楼号+'确认'+单元号+'确认'+房间号+'呼叫'"键,呼叫指定房间。其中房间号最多为 4 位,首位的 0 可以省略不输入,例如 502 房间,可以输入"502"或"0502"。当房间号为"950X"时,表示呼叫该单元"X"号的室外主机。挂机结束通话,通话时间超过 45 s,系统自动挂断。通话过程中有呼叫请求进入,管理机响"叮咚"提示音,闪烁显示呼入号码,用户可以按"通话"键、"确认"键或"清除"键挂断当前的通话,接听新的呼叫。

（2）回呼。

管理中心机最多可以存储32条被呼记录,在待机状态按"通话"键进入被呼记录查询状态,按"◀"或"▶"键,可以逐条查看记录信息,此过程中按"呼叫"键或者"确认"键回呼当前记录的号码。在查看记录过程中,按数字键,输入"楼号+'确认'+单元号+'确认'+房间号+'呼叫'"键,可以直接呼叫指定的房间。

（3）接听呼叫。

听到振铃声后,摘机与小区门口、室外主机或室内分机进行通话,其中与小区门口或室外主机通话过程中,按"开锁"键,可以打开相应的门,挂机结束通话。通话过程中有呼叫请求进入,管理机响"叮咚"提示音,闪烁显示呼入号码,用户可以按"通话"键、"确认"键或"清除"键,挂断当前通话,接听新的呼叫。

5. 手动监视、监听（GST-DJ6405/07 只有监听功能）

监视、监听单元门口。

在待机状态下,输入"楼号+'确认'+单元号+'确认'+门号+'监视'"进行监视,监视指定单元门口的情况。监视、监听结束后,按"清除"键挂断。监视、监听时间超过30 s自动挂断。或者输入"楼号+'确认'+单元号+'确认'+950X+'监视'",监视、监听相应门口的情况。

6. 自动监视、监听（GST-DJ6405/07 只有监听功能）

在设置菜单中设置好自动监视、监听参数（设置方法请参见3.6.4节设置自动监视一节的说明）,在待机状态下,按"监视"键,管理中心机可以轮流监视、监听小区门和各单元门口。监视、监听按照楼号从小到大、先小区后单元的顺序进行,每个门口约30 s。在监视、监听过程中,按"监视"或"▶"键监视、监听下一个门口,按"◀"键监视、监听上一个门口,按"确认"键回到第一个小区门口,按"清除"键退出自动监视、监听状态,按"其他"键暂时退出自动监视、监听状态,执行相应的操作,操作完成后回到自动监视、监听状态,重新从第一个小区门口开始监视。

7. 开单元门

在待机状态下,按"'开锁'+管理员号（1）+'确认'+管理员密码（123）"+楼号+'确认'+单元号+9501+'确认'或"'开锁'+系统密码+'确认'+楼号+'确认'+单元号+9501+'确认'",均可以打开指定的单元门。

8. 报警提示

在待机状态下,室外主机或室内分机若采集到传感器的异常信号,广播发送报警信息。管理中心机接到该报警信号,立即显示报警信息。报警显示时显示屏上行显示报警序号和报警种类,序号按照报警发生时间的先后排序,即1号警情为最晚发生的报警,下行循环显示报警的房间号和警情发生的时间。当有多个警情发生时,各个报警轮流显示,每个报警显示大约5 s。例如2号楼1单元503房间2月24号11:30发生火灾报警,紧接着11:40 2号楼1单元502房间也发生火灾报警,则液晶屏显示如下：

01. 火灾报警	01. 火灾报警
02#01#0502	02-24 11:40

02. 火灾报警	02. 火灾报警
02#01#0503	02-24 11:30

报警显示的同时伴有声音提示。不同的报警对应不同的声音提示：火警为消防车声，匪警为警车声，求助为救护车声，燃气泄漏为急促的"嘀嘀"声。

在报警过程中，按任意键取消声音提示，按"◀"或"▶"键可以手动浏览报警信息，摘机按"呼叫"键，输入"管理员号+'确认'+操作密码或直接输入系统密码+'确认'"，如果密码正确，清除报警显示，呼叫报警房间，通话结束后清除当前报警，如果3次密码输入错误退回，则报警显示状态。按除"呼叫"键外的任意一个键，输入"管理员号+'确认'+操作密码或直接输入系统密码+'确认'"进入报警复位菜单，液晶屏显示：

> 请输入系统密码
> ▮

正确输入系统密码进入报警显示清除菜单，液晶屏显示：

> 报警复位：
> ◀ 清除当前报警？ ▶

按"◀"或"▶"键可以在菜单"清除当前报警？"和"清除全部报警？"之间切换，以选择要进行的操作，按"确认"键执行指定操作。例如要清除当前报警，那么选择"清除当前报警？"菜单，按"确认"键，液晶屏显示：

> 报警复位：
> 报警已清除！

9. 故障提示

在待机状态下，室外主机或室内分机发生故障，通信控制器广播发送故障信息，管理中心机接到该故障信号，立即显示故障提示的信息。此时显示屏上行显示故障的序号和故障类型，序号按照故障发生时间的先后排序，即1号故障为最晚发生的故障，下行循环显示故障模块的楼号、单元号、房间号和故障发生的时间。当有多个故障发生时，各个故障轮流显示，每个故障显示大约5 s。例如2号楼1单元室外主机在2月24日15:40发生故障，不能正常通信，则液晶屏显示：

01. 通信故障	01. 通信故障
02#01#9501	02-24 15:40

故障显示的同时伴有声音提示，声音为急促的"嘀嘀"声。

在故障显示过程中，按任意键取消声音提示，按"◀"或"▶"键，可以手动浏览故障信息，按其他任意一个键，可输入"管理员号+'确认'+操作密码或系统密码+'确认'"，如果密码正确，清除故障显示，如果3次密码输入错误，则退回故障显示状态。

10. 巡更打卡提示

在待机状态下,管理中心机接到巡更员打卡信息,显示巡更打卡信息。巡更显示时显示屏上行显示巡更人员的编号,下行显示当前巡更到的楼号、单元号、门号和刷卡时间,例如 2 号巡更员于 23:15 巡更 1 楼 1 单元 2 门,则显示巡更提示信息,液晶屏显示:

```
００２ 号巡更员巡更
001#01—02  23:15
```

在巡更提示过程中,按任意键退出巡更提示状态,或者时间超过 1 min,则自动退出。

11. 历史记录查询

历史记录查询和系统设置类似,也是采用菜单逐级展开的方式,包括报警记录、开门记录、巡更记录、运行记录、故障记录、呼入记录和呼出记录等子菜单。在待机状态下,按“查询”键进入历史记录查询菜单。

(1)历史记录查询菜单结构如图 3.36 所示。

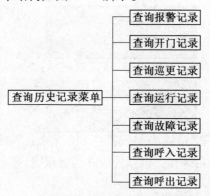

图 3.36　历史记录查询菜单结构图

(2)菜单说明。

①查询报警记录。

管理中心机最多可以存储 99 条历史报警记录,存储采用循环覆盖的方式,不能人为删除。存储的报警信息主要包括报警类型、报警房间和报警时间。每条报警信息分两屏显示,第一屏显示报警类型和报警房间号;第二屏显示报警类型和报警时间。例如现在有两条报警记录,第一条是 2 号楼 1 单元 502 房间 2 月 24 日 11:30 分发生火灾报警,第二条是 1 号楼 2 单元 503 房间 2 月 20 日 11:40 门磁报警,则查询时液晶屏显示:

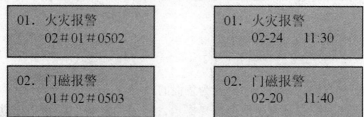

查询报警记录操作方法为:在待机状态下按“查询”键,进入查询历史记录菜单,按“◀”或“▶”键选择“查询报警记录?”菜单,液晶屏显示:

```
查询历史记录:
◀ 查询报警记录？ ▶
```

按"确认"键进入报警记录查询菜单,按"◀"或"▶"键选择查看报警记录信息,按"▶"键查看下一屏信息,按"◀"键查看上一屏信息,按"清除"键退出。

②查询开门记录。

管理中心机最多可以存储 99 条历史开门记录,开门记录的存储采用循环覆盖的方式,不能人为删除。存储的信息主要包括楼号、单元号、开门类型和开门时间。每条开门信息分两屏显示,第一屏显示楼号、单元号和开门类型;第二屏显示楼号、单元号和开门时间。开门类型主要包括住户密码开门、公用密码开门、管理中心开门、室内分机开门、IC 卡开门和胁迫开门等。例如现在有两条开门记录,第一条是 2 号楼 1 单元 502 房间住户于 2 月 24 日 11:30 使用密码打开 2 号楼 1 单元的门,第二条是 1 号管理员在管理中心于 2 月 20 日 11:40 打开了 1 号楼 2 单元的门,则查询时液晶屏显示:

```
01. 02＃01－00
0502 密码开门
```
```
01. 02＃01－00
02-24　　11:30
```

```
02. 01＃02－00
01 号管理员开
```
```
02. 01＃02－00
02-20　　11:40
```

查询开门记录的操作方法与查询报警记录的方法相类似,请参阅报警记录的查询方法。

③查询巡更记录。

管理中心机最多可以存储 99 条历史巡更记录,巡更记录的存储也是采用循环覆盖的存储方式,不能人为删除。存储的信息主要包括巡更地点、巡更员编号和巡更时间(月、日、时、分)。每条巡更记录分两屏显示,第一屏显示巡更地点和巡更员编号;第二屏显示巡更地点和巡更时间。例如 2 号巡更员于 2 月 24 日 15:40 巡更 3 号楼 2 单元 1 门,则查询时液晶屏显示:

```
01. 003＃02－01
002 号巡更员
```
```
01. 003＃02－01
02-24　　15:40
```

查询巡更记录的操作方法和查询报警记录的方法相类似,请参阅报警记录的查询方法。

④查询运行记录。

管理中心机最多可以存储 99 条历史运行记录,运行记录的存储也是采用循环覆盖的存储方式,不能人为删除。存储的信息主要包括事件类型、实施操作的管理员号和事件发生的时间。每条运行记录分两屏显示,第一屏显示事件类型和操作人员号码;第二屏显示事件类型和事件发生时间。事件类型主要包括报警复位、故障复位、增加管理员、删除管理员、修改密码、日期设置、时间设置、设置地址、配置矩阵和开单元门等。例如现在有两条运行记录,第一条是 2 号管理员于 2 月 24 日 11:30 执行了报警复位操作,第二条是系统操作员于 2 月 20 日 11:40 打开了 1 号楼 2 单元的门,则查询时液晶屏显示:

```
01. 报警复位          01. 报警复位
    02 号管理员           02-24    11:30

02. 开单元门          02. 开单元门
    系统管理员           02-20    11:40
```

查询运行记录的操作方法和查询报警记录的方法相类似,请参阅报警记录的查询方法。

⑤查询故障记录。

管理中心机最多可以存储 99 条历史故障记录,故障记录的存储和报警记录一样都采用循环覆盖的方式,不能人为删除。存储的信息主要包括故障类型、故障地点和故障发生时间。每条故障记录分两屏显示,第一屏显示故障类型和故障地点;第二屏显示故障类型和故障发生时间。例如 2 号楼 1 单元室外主机在 2 月 24 日 15:40 发生故障,不能正常通信,则查询时液晶屏显示:

```
01. 通信故障          01. 通信故障
    02#01#9501           02-24    15: 40
```

查询故障记录的操作方法和查询报警记录的方法类似,请参阅报警记录的查询方法。

⑥查询呼入记录。

管理中心机可以存储 32 条呼入记录,操作请参阅 3.6.4 节回呼第 4 条的说明。

⑦查询呼出记录。

管理中心机可以存储 32 条主呼记录,操作请参阅 3.6.4 节的说明。

12. 常见故障与排除方法(表 3.14)

表 3.14 故障分析与排除方法

序号	故障现象	原因分析	排除方法	备　注
1	液晶无显示,且电源指示灯不亮	1. 电源电缆连接不良 2. 电源坏	1. 检查连接电缆 2. 更换电源	
2	电源指示灯亮,液晶无显示或黑屏	1. 液晶对比度调节不合适 2. 液晶电缆接触不良	1. 调节对比度 2. 检查连接电缆	上电后等 5 s,然后按"'设置'+'确认'"增大对比度,或者按"'设置'+'清除'"减小对比度
3	呼叫时显示通信错误	1. 通信线接反或没接好 2. 终端没有并接终端电阻	1. 检查通信线连接 2. 接好终端电阻	
4	显示接通呼叫,但听不到对方声音	1. 音频线接反或没接好 2. 矩阵没有配置或配置不正确	1. 检查音频线连接 2. 检查矩阵配置,重新配置矩阵	

续表 3.14

序号	故障现象	原因分析	排除方法	备注
5	显示接通呼叫,但监视器没有显示	1. 视频线接反或没有接好 2. 矩阵切换器没有配置或配置不正确	1. 检查视频线连接 2. 检查网络拓扑结构设置和矩阵配置,重新配置矩阵	
6	音频接通后自激啸叫	1. 扬声器音量调节过大 2. 麦克输出过大 3. 自激调节电位器调节不合适	1. 将扬声器音量调节到合适位置 2. 打开后壳,调节麦克电位器(XP2)到合适位置 3. 打开后壳,调节自激电位器(XP1)到合适位置	
7	常鸣按键音	键帽和面板之间进入杂物导致死键	清除杂物	

3.6.6　上位机软件的安装与使用

1. 安装

(1)将 GST-DJ6000 光盘放入光驱中。

(2)双击其中的 SETUP 文件,按提示完成安装。

2. 通信连接

(1)将通信线的一端接"K7110 通信转换模块",另一端接电脑的串口"COM1"。

(2)给实训台上电。

3. 启动软件

按照"开始→程序→可视对讲应用系统"的路径,打开"可视对讲应用系统"应用软件,启动用户登录界面。

4. 使用

在软件系统运行后,首先启动界面,然后显示系统登录界面,首次登录的用户名和密码均为系统默认值(用户名:1,密码:1),以系统管理员身份登录,如图 3.37 所示。

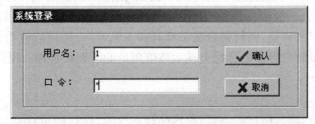

图 3.37　用户登录界面

登录后,首先进入值班员的设置界面,添加、删除用户及更改密码,并保存到数据库中。下一次登录,就可以按照设定的用户登录。

　　本系统可以设置 3 个级别的用户,系统管理员、一般管理员和一般操作员。系统管理员能够操作软件的所有功能,用于系统安装调试。一般管理员除了系统设置部分的功能不能使用外,大部分的功能都能使用。一般操作员不可以操作用户管理和系统设置。

　　用户登录成功后,进入系统主界面,如图 3.38 所示,主界面分为电子地图监控区和信息显示区。电子地图监控区包括楼盘添加、配置、保存;显示区包括当前报警信息、最新监控信息和当前信息列表。

　　监控信息的内容包括监控信息的位置描述和信息产生的时间以及信息的确认状态;监控信息表包括的内容包括电子地图、报警信息、巡更信息、对讲信息、开门信息、消息列表和其他信息。

　　用户登录系统后,登录的用户就是值班人。

图 3.38　系统主界面

3.6.7　系统配置

1. 值班员管理

　　如前面所述,当第一次运行该系统时,系统登录是按照默认系统管理员登录。登录后,点击主菜单的"系统设置→值班员设置",就可以进行值班员管理操作,即可以添加值班员、删除值班员和更改值班员的密码,密码的合法字符有:0~9,a~z;还可以查看值班员的级别,选中的值班员会在值班员管理界面的标题上显示该值班员的级别和名称。用户管理的操作界面如图 3.39 所示。

　　(1)添加值班员。

　　点击添加值班员,输入用户名、密码及选择级别权限,确认即可;用户名长度最多为 20 个字符或 10 个汉字,密码长度最多为 10 个字符;权限分为 3 级,分别是系统管理员、一般管理员和一般操作员;系统管理员具有对软件操作的所有权限;一般管理员除了通信设置、矩阵设置外,其他功能均能操作;一般操作员不能进行对系统设置、卡片管理和信息发布等操作。

（2）删除值班员。

从列表中选择要删除的值班员，点击删除值班员，确认即可，但不能删除当前登录的用户及最后一名系统管理员。

（3）更改密码。

从列表中选中要更改密码的值班员，点击更改密码，输入原密码及新密码，新密码要输入两次确认。

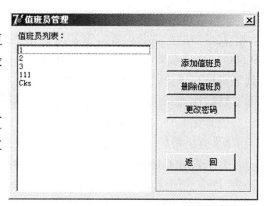

图 3.39 用户管理的操作界面

2. 用户登录

用户登录有两种情况：

（1）启动登录。

启动该系统时，要进行身份确认，需要输入用户信息登录系统。

（2）值班员交接。

系统已经运行，由于操作人员的更换或一般操作员的权力不足需要更换为系统管理员，则需要重新登录，点击快捷键的"值班员交接"，这样不必要重新启动系统登录，避免造成数据丢失和操作不方便。登录界面如图 3.40 所示。

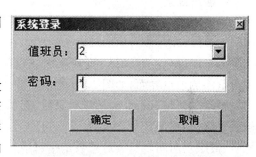

图 3.40 登录界面

3. 通信设置

要实现数据接收（报警、巡更、对讲、开门等信息的监控）和发送（卡片的下载等），就必须正确配置 CAN/RS232 通信模块、配置参数和发卡器的配置参数，点击系统设置菜单下的"通信设置"，CAN/RS232 通信模块和发卡器的配置界面如图 3.41 所示。

系统配置的功能是完成系统参数配置、CAN 通信模块的参数配置和发卡器的参数配置。

（1）系统参数配置。

报警接收间隔时间是当有同一个报警连续发生时，系统软件经过设定的时间，才对该报警信息再次处理。

单元门定时刷新时间是经过设定的时间查询单元门的状态（目前硬件未支持该功能）。

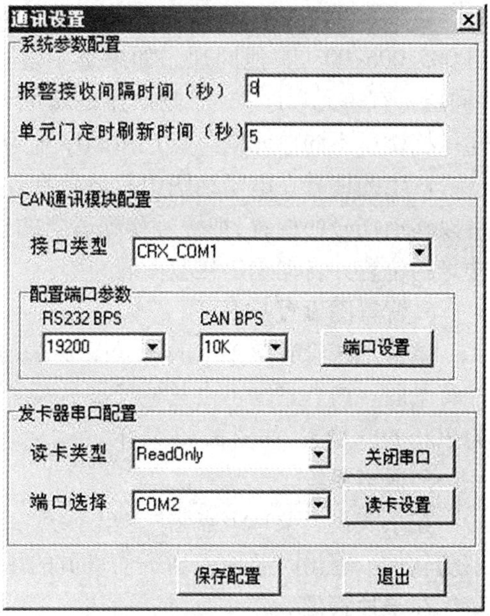

（2）CAN 通信模块配置。

图 3.41 配置界面

CAN 通信模块的配置是完成选择计算机串口，对计算机串口的初始化和 CAN 通信模块的配置（CAN 的 RS232 的设置和 CAN 的波特率配置）。选择输入要设置的串口和 CAN 端口的波特率，点击"端口设置"按钮，完成 CAN 通信模块的参数配置。

（3）发卡器串口配置。

发卡器的配置是设置发卡器的读卡类型、发卡器端口选择的设置；发卡器波特率默认为9 600 b/s；读卡类型有 ReadOnly 和 Mifare_1 类型，ReadOnly 代表只读感应式 ID 卡，Mifare_1代表可擦写感应式 IC 卡；端口包括 COM1、COM2。

特别注意：

设置完 CAN 通信模块的配置信息，这时还是原来的配置参数，要使用新的配置信息，必须给 CAN 通信模块断电后再上电，这样才能使用新的配置。

发卡器和 CAN 通信模块分别用不同的串口，如果设置为同一个串口，将会出现串口占用冲突，则应关闭读卡器占用的串口重新设置或正确设置 CAN 通信模块的串口。当发卡器设置新的读卡类型时，请重新选择类型和端口进行再设置。

4. 楼盘配置

楼盘配置主要用于批量添加楼号、单元及房间的节点，在监控界面形成电子地图。在监控界面点击鼠标右键选择"批量添加节点"出现批量添加节点界面，如图 3.42 所示。

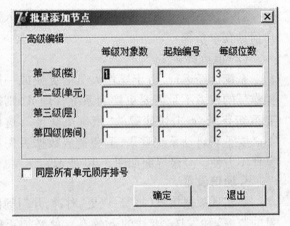

根据需要填入相应的每级对象数、起始编号及每级位数，确定后产生所需要的楼号、单元号、楼层及房间。每级对象数是指每级对象产生的数目，比如第一级（楼）：每级对象数为3，起始编号为5，每级位数为3，则产生的楼号为 005、006、007，其他同理。如果选中复选框"同层所有单元顺序排号"则产生的房间号在同一栋楼里不同单元同一层是按顺序排号的。

图 3.42　"批量添加节点"界面

产生的楼号在电子地图中是放置在左上角的，单击鼠标右键选中"楼盘配置选项"，这时可以移动楼号的位置，把楼号移到适当的位置。单击鼠标右键点击"保存楼盘配置"即可保存楼号的位置并自动退出楼盘配置。

5. 背景图设置

单击系统设置菜单下的背景图设置，进入背景图选择窗体，通过该窗体可以选择不同的监控背景图。该背景图可由其他绘图软件绘制，可以是 bmp、jpeg、jpg、wmf 等格式，大小应至少为 800×600 像素，如图 3.43 所示。

6. 退出系统

在系统设置菜单下点击"退出系统"或在快捷栏点击"退出系统"，均可退出可视对讲应用系统软件。退出时要输入当班值班员的用户名和密码方可退出。

7. 卡片管理

系统配置完成后，需要注册卡片以便在卡片管理界面中对人员的卡片分配，点击主菜单或快捷键上的"卡片管理"进入卡片管理界面，如图 3.45 所示。

从卡片管理界面可以了解卡片的信息，卡片的信息包括卡号、卡内码、是否分配、是否挂失、分配房间号及读卡时间。"卡号"是卡片注册时的编号；"卡内码"是卡片具有的内在固有的编码；"是否分配"表示卡片是否分配给用户，"True"表示该卡片已分配，"False"表示该卡片

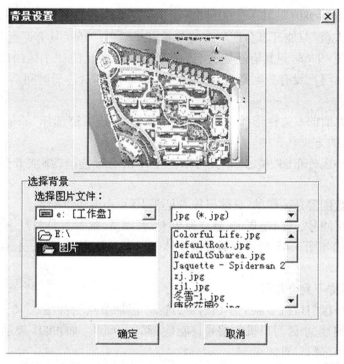

图 3.43 背景设置

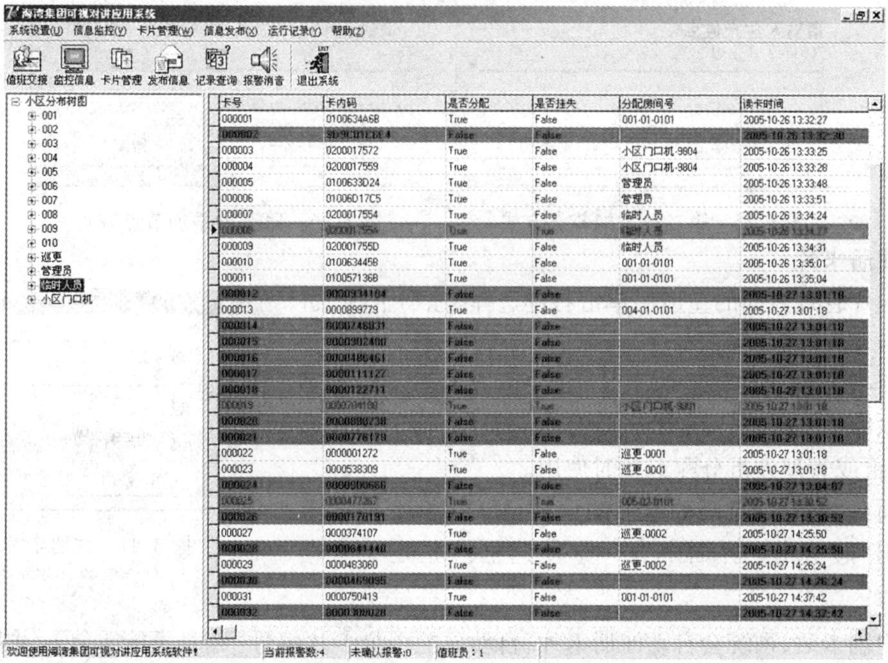

图 3.44 卡片管理界面

还未分配,卡片分配后其背景色不再为绿色;"是否挂失"表示该卡片是否挂失,"True"表示该卡片已挂失,"False"表示该卡片没有挂失,卡片挂失后其背景色为红色;"分配房间号"表示该卡片分配给的用户(如:"001-01-0101"、"管理员"、"临时人员"、"巡更-9969"、"巡更-

9968"、"小区门口机-9801",其中:"001-01-0101"只能开本单元的门;"管理员"可以开所有的单元门;"临时人员"只能开其分配所在的单元门;"巡更-9969"具有巡更功能外还可以开所有的单元门;"巡更-9968"只具有巡更功能不能开任何的单元门;"小区门口机-9801"只能开小区的门口机单元门),没有分配则为空;"读卡时间"则为卡片注册时间。

8. 添加节点

在卡片管理界面的左边栏选择要添加节点的位置,单击右键选择"添加节点"进入添加节点界面,添加节点的方式有 3 种。

第一种是在小区分布图、楼号、单元号节点上单击右键选择"添加节点",节点添加如图3.42所示。

该窗体和楼盘配置是一样的,具体操作参见3.10.4 小节楼盘配置。

第二种是在房间号、开门巡更卡、独立巡更卡、管理员、临时人员节点上单击右键选择"添加节点",节点添加如图3.45 所示。通过该窗体可以添加住户、管理人员、临时人员及巡更人员。

注意:人员名称不允许相同。

第三种是在小区门口机节点上单击右键,选择"添加节点",如图3.46 所示。在输入框内输入小区门口机编号,小区门口机的编号只能是9801~9809。如:9801 表示 1 号小区门口机,对应地址为 1 的小区门口机。

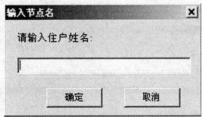

图3.45　第二种添加节点方式　　　图3.46　第三种添加节点方式

9. 注册卡片

在卡片管理界面的左边栏单击右键选择"注册卡片"进入注册卡片界面,如图3.47 所示。

注册卡片的功能是读取卡片,并把读取的卡片保存到卡片信息库中,同时对读取的卡片分配一个序号,以便供给住户、巡更或管理人员分配卡片时使用。

目前,系统支持对两种卡片的读取:Mifare One 感应卡和只读 ID 感应卡。界面中有一个复选框:"指定编号增一"。

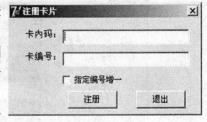

图3.47　注册卡片

用户刷卡后,系统会自动注册卡片,自动分配一个卡片编号(编号不能重复),并把卡片信息写入数据库中,此外,也可以手动输入信息,使之保存到数据库中。如果该卡片已注册,则箭头指向该卡片所在的位置。

如果"指定编号增一"复选框选中"√",用户可以输入一个指定卡的起始编号,当注册下一张卡片时,系统会按照指定的编号自动增一。如果"指定编号增一"复选框没有选中,系统会自动分配数据库中没有的编号。

10. 读卡分配

读卡分配是在注册卡片的同时把卡片分配给用户,在卡片管理界面的左边栏选择住户、巡更人员、管理人员、临时人员。单击右键,弹出菜单,在菜单上选择"读卡分配",弹出读卡分配窗体,如图3.48所示。

图3.48 读卡分配

用户可以刷卡或手动输入卡内码,点击注册后,系统会分配一个编号,也可指定编号,同时把该卡片分配给住户。

11. 卡片分配

每人只能拥有一张卡片,每张卡片也只能分配给一人。把已注册但未分配的卡片拖放到左边栏的人员节点上,即可为该人员分配卡片。

12. 撤销分配

撤销分配是撤销人员的卡片分配,可以一个个撤销,也可以成批撤销。成批撤销是在人员的上一级节点进行撤销分配,会把该节点下的人员卡片撤销。撤销分配时,系统会提示该卡片是否从控制器中删除。

13. 下载卡片

下载卡片的功能是把已经分配的卡片下载到控制器中,下载时系统会自动按照卡片内码排序后再下载。下载时,可根据选择的节点确定下载的卡片,例如:如果选择一人的卡片,则只下载当前卡片;如果选择一个房间,则下载一个房间的卡片,依此类推,可以到一个单元下载单元的全部卡片。下载单元全部卡片时,系统将先删除单元控制器的所有卡片,然后将上位机分配的所有卡片下载到单元的控制器中。

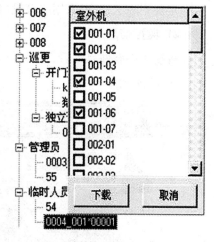

图3.49 下载临时卡片

下载临时卡片时必须选择要下载到的楼号、单元号,只对下载的单元刷卡有效,如图3.49所示。

14. 读取卡片

从单元控制器中读取卡片信息,根据卡片信息,比较下位机与上位机卡片情况,对于上位机不存在的卡片记录,自动写入数据库中,对于下位机不存在的,或卡片的编号和卡片下载的位置不一致的卡片,系统将进行合并。当读完卡片后,用户可以选择对当前单元控制器进行卡片下载,以达到上位机与下位机卡片相一致。

15. 节点更名

节点更名是更改节点的名称,可以更改楼号、单元号、房间号、人员名称,更改楼号、单元号及房间号时要慎重,更改完后,要重新下载卡片。不能更改巡更、开门巡更卡、独立巡更卡、管理员、临时人员、小区门口机节点的名称,其节点下的人员节点名称可以更改,更改后需要刷新显示。

16. 删除节点

删除节点是删除选中节点的配置信息,但不能把已经下载的卡片从控制器中删除,只是删除该节点。如果要删除该节点,最好先撤销其卡片分配,然后再执行删除节点。

17. 卡片挂失

卡片挂失是挂失选中节点的配置信息,并把已经分配的卡片从单元控制器中删除,同时使卡片信息显示呈红色。

18. 撤销挂失

撤销挂失是恢复挂失的卡片信息,并重新下载卡片信息。

19. 刷新显示

刷新显示是重新载入数据信息。

20. 删除卡片

删除卡片是删除已注册但还未分配的卡片。选中未分配的卡片,在键盘上按"Delete"键,经确认后即可删除该卡片;对于已分配的卡片不能随便删除,若要删除,必须先撤销分配。如果一定要删除卡片,可采用组合键(Ctrl+Delete)方式删除。

21. 监控信息

可视对讲软件启动后,就可以监控可视对讲的报警、巡更和开门等信息,监控信息的显示如图 3.50 所示。

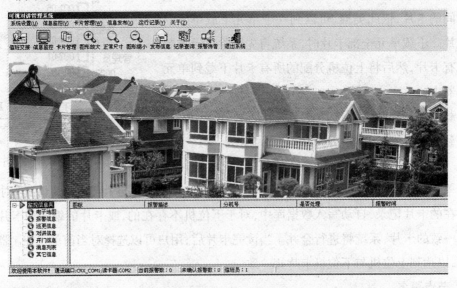

图 3.50 可视对讲软件

(1)报警信息。

报警信息主要包括:防拆报警、胁迫报警、门磁报警、红外报警、燃气报警、烟感报警及求助报警。

报警发生时在电子地图相应的楼号和单元显示交替的红色,如果外接喇叭,则发出相应的报警声;同时在监控信息栏显示报警的图标、报警描述、分机号、是否处理及报警时间;同一个报警信息再次出现时,只更新报警的时间,同一个报警时间的间隔在通信设置里设定。报警处理后,点击图标前的方框即可复位报警,关闭声音。报警描述的内容有楼号、单元号、室外机或房间号(室内机)及报警类型,样式如下:

①防拆报警:009–03–室外机–防拆报警;表示 9 号楼 3 单元室外机被拆卸发出的报警。

②胁迫报警:009–03–室外机–胁迫报警(0301);0301 表示 9 号楼 3 单元 301 房间的住户被胁迫。

③门磁报警:009–03–0101(室内机)–门磁报警;表示 9 号楼 3 单元 101 室门磁感应器发出的报警。

④红外报警:009–03–0101(室内机)–红外报警;表示 9 号楼 3 单元 101 室红外探测器发出的报警。

⑤燃气报警:009–03–0101(室内机)–燃气报警;表示 9 号楼 3 单元 101 室燃气传感器发出的报警。

⑥烟感报警:009–03–0101(室内机)–烟感报警;表示 9 号楼 3 单元 101 室烟雾传感器发出的报警。

⑦求助报警:009–03–0101(室内机)–求助报警;表示 9 号楼 3 单元 101 室用户按求助按钮发出的报警。

⑧报警消音:点击快捷栏上的"报警消音"按钮,将关闭报警的声音,但不复位报警。

⑨清除记录:当信息栏上的记录越来越多时,单击鼠标右键,选择"清除记录",即可把该栏下的信息清空,但不会删除数据库的记录。

(2)对讲信息。

对讲信息是当发生对讲业务时显示的信息,包括图标、发起方、响应方、对讲类型、发生时间。发起方和响应方的内容包括室外机、室内机、管理机、小区门口机,格式样式如下。

①室外机:003–01–室外机(01),01 表示分机号。

②室内机:003–01– 0103(室内机)。

③管理机:管理中心机(08)。

④小区门口机:01 号小区门口机(01)。

⑤对讲类型包括:对讲呼叫、对讲等待、对讲通话、对讲挂机。

(3)开门信息。

开门信息是管理中心机开门、用户刷卡开门、用户密码开门、室内机开门的信息,包括:图标、房间号、分机号、开门类型、开门时间。

①房间号是指被开门的设备：小区门口机、室外机。

②分机号是指被开门的设备的分机号。

③开门类型是指开门的方式：用户卡开门、用户卡开门（巡更–01）、管理中心开门、分机开门、用户密码开门、公用密码开门、胁迫密码开门。

22. 运行记录

运行记录包含系统运行时的各种信息，主要包括：报警、巡更、开门、对讲、消息、故障。这些信息都存在数据库中，用户可以进行查询、数据导出及打印等操作，操作界面如图 3.51 所示。

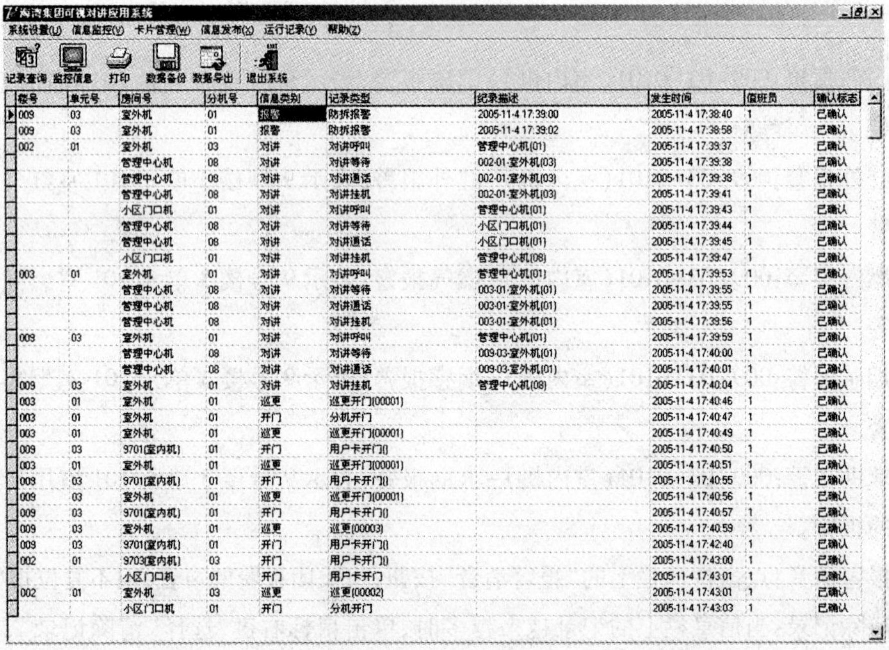

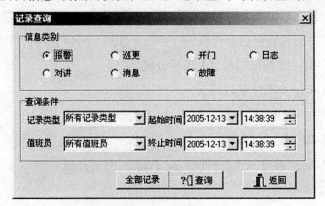

图 3.51 操作界面

当用户要查找所需信息时，点击快捷栏上的"记录查询"，启动查询界面，如图 3.52 所示。

图 3.52 记录查询界面

　　查询信息可以按照信息类别分类,即分为报警、巡更、开门、日志、对讲、消息和故障。用户可以根据要求输入查询条件:记录类型、值班员、记录的起始时间和终止时间。其中每种信息类型对应于不同的数据类型,数据类型的分类如下。

　　①报警信息的数据类型有:门磁报警,红外报警,燃气报警,烟感报警,胁迫报警,防拆报警,求助报警。

　　②巡更信息的数据类型有:巡更路线、巡更开门、巡更人。

　　③开门信息的数据类型有:用户密码开门,用户卡开门,分机开门,胁迫密码开门,管理中心开门,公用密码开门。

　　④日志类型有:启动系统、关闭系统、值班员交接、值班员等。

　　⑤对讲类型包括:对讲呼叫、对讲等待、对讲通话、对讲挂机。

　　⑥消息的数据类型有:已读、未读。

　　⑦故障信息的数据类型有:模块通信故障,自检故障,控制器短路。

　　⑧全部记录:点击"全部记录"则显示所有记录信息。

23. 系统数据恢复

　　系统数据恢复是考虑数据安全性,如果系统在使用的过程中出现问题,在重新安装系统时需要恢复系统原来的数据,对此可以从已经备份的数据中导入数据,数据恢复系统会提示操作员是否备份当前的数据,备份后导入数据。如图 3.53 所示。

图 3.53　备份数据界面

　　选择备份数据库打开,系统会提示"系统数据恢复成功,建议重新启动该系统"。

3.7　对讲门禁及室内安防系统接线图

　　对讲门禁及室内安防系统接线图如图 3.54 所示。

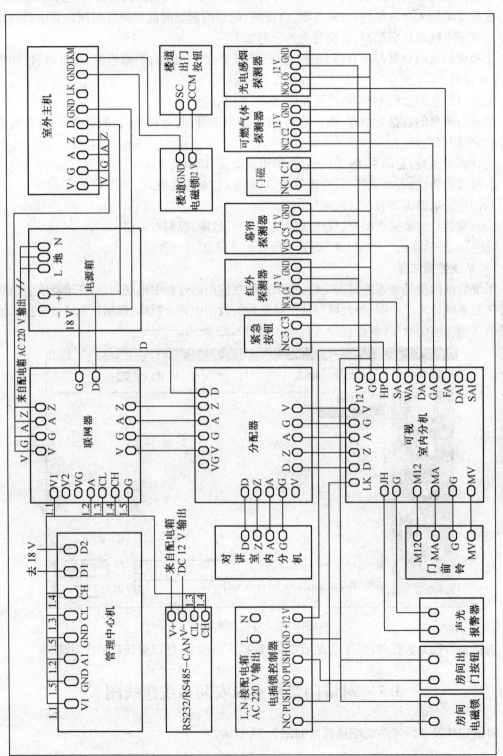

图 3.54　对讲门禁及室内安防系统接线图

3.8　实训内容

说明:第一步,将室外主机、可视室内分机、普通室内分机、联网器、层间分配器拆下,放在实验桌上,观察其接线方法,在实验桌上接线,忽略布线,完成下面功能;第二步,将各器件安装回原位,按照线槽走线,实现下面功能。

(1)通过室外主机(地址为1)呼叫可视室内分机(房间号:101),实现可视对讲与开锁功能,要求视频、语音清晰。

(2)通过室外主机(地址为1)呼叫普通室内分机(房间号:201),实现对讲与开锁功能,要求语音清晰。

(3)注册2张ID卡,使其分属于两个住户(101和201),实现室外主机的刷卡开锁功能。

(4)为室外主机配置两个用户(101和201),实现密码开锁功能,101室开锁密码为:1234;201室开锁密码为:4321。

(5)室内主机设置为外出布防状态时,触发任意一个探测器,均可实现室内主机报警和管理中心报警。居家布防状态时,触发门磁、红外对射探测器,联动启动"智能小区"处的报警器;触发红外幕帘探测器,不启动报警器。

(6)通过对讲门禁软件,实现与管理中心机的通信,对讲门禁软件中可记录对讲门禁系统运行记录。

(7)将运行记录保存在计算机D盘"工位号"文件夹下的"运行记录"子文件夹内。如2号工位运行记录保存位置为"D:\02\运行记录\"。

第4章
闭路电视监控及周边防范子系统

4.1 系统概述

4.1.1 视频安防监控系统的概念和功能

1. 视频安防监控系统的概念

视频安防监控系统(Video Surveillance & Control System, VSCS)是一种应用广泛的安全技术防范措施,系统通过遥控摄像机及辅助设备(镜头、云台等),直接观察被监视场所的情况,同时可以把被监视场所的情况进行同步录像,如图4.1所示。

图4.1 视频安防监控系统

视频安防监控系统能在人无法直接观察的场合,实时、真实地反映被监视对象的画面,并作为即时处理或事后分析的一种手段。视频安防监控系统已成为广大用户在现代化管理中监控的最为有效的观察工具,尤其在银行、政府、星级宾馆、重要交通路口等环境下应用更为广泛。

闭路电视监控及周边防范子系统是安全防范技术体系中的一个重要组成部分,是一种先进的、防范能力极强的综合系统。它可以通过遥控摄像机及其辅助设备,直接观看被监视场所的一切情况,把被监视场所的图像传送到监控中心,同时还可以把被监视场所的图像全部或部分地记录下来,为日后某些事件的处理提供方便条件和重要依据。

本系统中视频监控子系统由监视器、矩阵主机、硬盘录像机、高速球云台摄像机、一体化摄像机、红外摄像机、常用枪式摄像机以及常用的报警设备组成。它能与安防系统的报警联动,可完成对智能大楼门口、智能大楼、管理中心等区域的视频监视及录像。

2. 视频安防监控系统的功能

视频安防监控系统的主要功能是对防范的重要方位和现场实况进行实时监视。通常情况下,由多台电视摄像机监视楼内的公共场所(如各个楼门口、地下停车场)、重要入口(如电梯口、楼层通道)等处的人员活动情况。当安防系统发生报警时会联动摄像机开启,并将该报警所监视区域的画面切换到主监视器或屏幕上,同时启动录像机记录现场情况,供管理人员和保安人员及时、迅速、准确地处理。

利用 VSCS 控制中心,操作人员可以选择各种摄像机,将其图像显示在监视器上。如果摄像机具有推拉、转动等遥控功能,那么操作人员可以在控制中心遥控摄像机。录像机、图像分割器及图像处理设备等均可以接入本系统,并通过视频安防监控系统控制中心进行遥控。

4.1.2　视频安防监控系统的特点与分类

1. 一般要求的视频监控系统

一般要求的视频监控系统由摄像机、镜头、终端解码器、视频传输线路及控制信号总线、控制及监视器组成。它的主要功能是通过摄像机捕获监视场所的图像信号,但不能拾取声音信号。信号传输采用视频基带传输方式,适用于距离较近、规模较小的视频监控场所,其中一个典型应用的系统组成如图 4.2 所示。

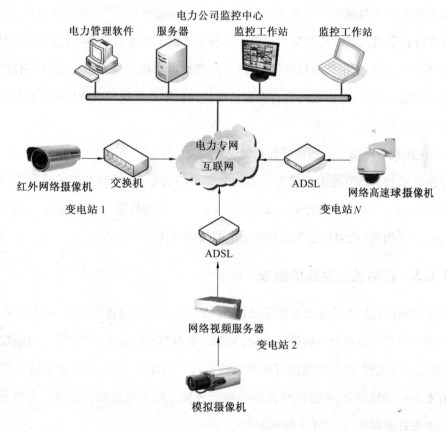

图 4.2　典型应用系统组成

2. 特别要求的视频监控系统

特别要求的视频监控系统分为以下几类：

(1)带有声音拾取功能的视频监控系统。

带有声音拾取功能的视频监控系统可以把监视的图像和声音内容一起传输到控制中心。它的信号传输一般采用声音和图像分别传输，也可以将声音信号调频到 6.5 MHz 上，与图像信号一起传输到控制中心，再把声音信号解调起来。

(2)与防盗报警系统联动的视频监控系统。

与防盗报警系统联动的视频监控系统在控制台设有防盗报警的联动接口。在有防盗报警信号时，控制台发出报警，并且启动录像机自动对报警的场所进行录像。

这种系统由视频监控系统和防盗报警系统两部分组成，控制中心通过控制台将两部分合在一起进行联动。

(3)具有自动跟踪和锁定功能的视频监控系统。

最先进的自动跟踪和锁定系统采用"数字式视频监控系统"。数字式视频监控系统的核心是多媒体计算机及其配套的其他设施。这种系统的工作方式是将入侵目标的图像及声音信号变为计算机文件，从中提取目标信号，然后反馈给摄像机及电动云台，以控制摄像机及云台进行跟踪锁定。另外，本系统还将自动启动该摄像机附近其他关联的摄像机或报警装置，以便进行继续跟踪和锁定。

(4)远距离多路信号的视频监控系统。

根据要求和实际情况在传输方式上远距离多路信号有：视频基带传输方式、射频传输方式、光纤传输方式、无线发射传输方式、无线发射并且移动传输方式、"远端切换"的视频基带传输方式、"平衡式"视频传输方式和电话电缆传输方式。

4.1.3 视频监控系统的组成

典型的视频监控系统主要有前端设备、传输设备和后端设备三部分，其中后端设备可进一步分为中心控制设备和分控制设备。前、后端设备有多种构成方式，它们之间的联系（即传输系统）可以通过电缆、光纤或微波等多种方式实现。具体地说，电视监视系统由摄像部分（有时还有麦克）、传输部分、控制部分及显示和记录部分四大块组成。在每一部分中，又包含更加具体的设备或部件，如图 4.3 所示。

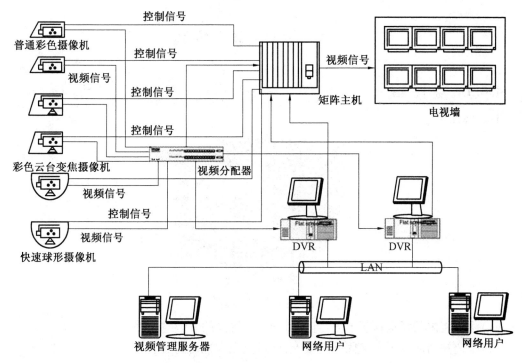

控制信号

普通彩色摄像机

控制信号

视频信号

控制信号

控制信号

彩色云台变焦摄像机

视频分配器

视频信号

控制信号

视频信号

快速球形摄像机

矩阵主机

视频信号

电视墙

DVR　　DVR

LAN

视频管理服务器　　网络用户　　网络用户

图4.3　视频监控系统的组成

4.2　实现功能

（1）设备安装与接线：实现各类常见设备的安装与接线操作。

（2）监视器使用：实现监视器的图像调整、视频切换、浏览设置。

（3）矩阵视频切换：实现矩阵输出视频的切换，包括不同输出通道的切换、输出视频的切换。

（4）矩阵视频队列切换：实现视频的输出，并按照一定的时间、顺序进行切换。

（5）矩阵控制云台：实现矩阵控制云台转动、调节镜头、预置点设置。

（6）硬盘录像机视频切换：实现单画面的切换及四画面的切换。

（7）硬盘录像机控制云台：实现硬盘录像机控制云台转动、调节镜头、自动轨迹、线扫的操作。

（8）硬盘录像机手动录像：实现手动录像及录像查询。

（9）硬盘录像机定时录像：实现定时录像及录像查询。

（10）硬盘录像机报警联动录像：实现外部报警输入、动态监测报警输入、联动录像、报警、云台自动控制及录像查询。

4.3　系统框图

闭路电视监控及周边防范子系统系统框图如图2.3所示。

4.4 主要模块及安装

4.4.1 监视器

监视器如图4.4所示。

图 4.4　监视器

(1)将机柜内的托板移至上方,且预留合适监视器的安装空隙并固定。

(2)把监视器放置固定牢固的托板上,即可完成监视器的安装。

4.4.2 矩阵主机和硬盘录像机

矩阵主机如图4.5所示。

图 4.5　矩阵主机

1.矩阵主机的功能

矩阵切换器是系统的核心部件,其主要功能有:

(1)图像切换:将输入的现场信号切换至输出的监视器上,实现用较少的监视器对多处信号的监视。

(2)控制现场:可控制现场摄像机、云台、镜头、辅助触点输出等。

(3)RS-232通信:可通过RS-232标准端口与计算机等通信。

(4)可选的屏幕显示:在信号上叠加日期、时间、视频输入编号、用户定义的视频输入或目标的标题、报警标题等以便监视器显示。

(5)通用巡视及成组切换:系统可设置多个通用巡视及多个成组切换。

(6)事件定时器:系统有多个用户定义时间,用以调用通用巡视到输出。

(7)口令和优先等级:系统可设置多个用户编号,每个用户编号有自己的密码,根据用户的优先等级来限制用户使用一定的系统功能。

2.矩阵主机的安装

(1)将网络机柜内的托板移至监视器下方,且预留合适的安装位置。

（2）将硬盘录像机固定到网络机柜内的托板上。

（3）将矩阵主机固定到网络机柜内的硬盘录像机上。

4.4.3　高速球云台摄像机

高速球云台摄像机如图 4.6 所示。

云台是承载摄像机并可进行水平和垂直两个方向转动的装置。云台内装有两个电动机，这两个电动机一个负责水平方向的转动，另一个负责垂直方向的转动。云台摄像机的安装步骤如下：

（1）把高速球云台摄像机的电源线、485 总线、视频线穿过高速球云台摄像机支架，并将支架固定到智能大楼外侧面的网孔板上，且固定高速球云台的罩壳到支架上。

（2）将高速球云台摄像机的电源线、485 总线、视频线接到高速球云台摄像机的对应接口内。

图 4.6　高速球云台摄像机

（3）设置好高速球云台摄像机的通信协议、波特率及地址码。其通信协议为 Pelco-d，波特率为 2 400 b/s，地址码为 1。

（4）将高速球云台摄像机球体机芯的卡子卡入罩壳上对应的卡孔内，并旋转球体机芯，使其完全被卡住，接着慢慢地放开双手，以防掉落损坏球体机芯。

（5）将高速球云台摄像机的透明罩壳固定到罩壳。

4.4.4　枪式摄像机

枪式摄像机如图 4.7 所示。

（1）取出自动光圈镜头，并将其固定到枪式摄像机的镜头接口。

（2）将摄像机支架固定到智能大楼的前网孔板右边。

（3）将摄像机固定到摄像机支架上，并调整镜头对准楼道。

图 4.7　枪式摄像机

4.4.5　红外摄像机

红外摄像机如图 4.8 所示。

图 4.8　红外摄像机

（1）将摄像机的支架固定到管理中心的网孔板左边。

（2）将红外摄像机固定到摄像支架上，并调整镜头对准管理中心。

4.4.6 室内云台及一体化摄像机

室内云台及一体化摄像机如图4.9所示。

图4.9 室内云台及一体化摄像机

（1）将室内云台固定到智能大楼正面网孔板的左上角。

（2）固定一体化摄像机到室内云台上。

4.4.7 解码器

解码器如图4.10所示。

在具体的闭路视频监控系统工程中，解码器属于前端设备，一般安装在配有云台及电动镜头的摄像机附近，有多芯控制电缆直接与云台及电动镜头相连，另有通信线与监控中心的系统主机相连。

解码器的主要作用是接收控制中心的系统主机送来的编码控制信号，并进行解码，成为控制动作的命令信号，再去控制摄像机及其辅助设备的各种动作（如镜头的变倍、云台的转动等）。

解码器不能单独使用，必须与矩阵控制系统配合使用。

同一个系统中可能有多台解码器，每台解码器上都有一个拨码开关，它决定了该解码器在该系统中的编号（即 ID 号）。在使用解码器时，首先必须对拨码开关进行设置，设置时，必须与系统中的摄像机编号一致。

图4.10 解码器

将解码器固定到室内云台的右边。

4.5 系统接线

4.5.1 视频线的 BNC 接头制作

BNC 接头有压接式、组装式和焊接式，制作压接式 BNC 接头需要专用卡线钳和电工刀。BNC 接头制作步骤如下。

1. 剥线

同轴电缆由外向内分别为保护胶皮、金属屏蔽网线(接地屏蔽线)、乳白色透明绝缘层和芯线(信号线),如图4.11所示。芯线由一根或几根铜线构成,金属屏蔽网线是由金属线编织的金属网,内外层导线之间用乳白色透明绝缘物填充,内外层导线保持同轴故称为同轴电缆。本实训中采用同轴电缆(SYV75-3-1)的芯线由多根铜线组成。

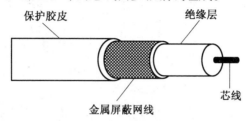

图4.11　同轴电缆结构图

用小刀或者剪刀将1根1 m同轴电缆外层保护胶皮划开并剥去1.0 cm长的保护胶皮,不能割断金属屏蔽网的金属线,把裸露出来的金属屏蔽网理成一股金属线,再将芯线外的乳白色透明绝缘层剥去0.4 cm长,使芯线裸露,如图4.11所示。

2. 连接芯线

BNC接头由BNC本体(带芯线插针)、屏蔽金属套筒和尾巴组成,芯线插针用于连接同轴电缆芯线;一般情况下,芯线插针固定在BNC接头本体中。

把屏蔽金属套筒和尾巴穿入同轴电缆中,将拧成一股的同轴电缆金属屏蔽网线穿过BNC本体固定块上的小孔,并使同轴电缆的芯线插入芯线插针尾部的小孔中,同时用电烙铁焊接芯线与芯线插针,焊接金属屏蔽网线与BNC本体固定块。

3. 压线

使用电工钳将固定块卡紧同轴电缆,将屏蔽金属套筒旋紧BNC本体。重复上述方法在同轴电缆另一端制作BNC接头即制作完成。

4. 测试

使用万用电表检查视频电缆两端BNC接头的屏蔽金属套筒与屏蔽金属套筒之间是否导通,芯线插针与芯线插针之间是否导通,若其中有一项不导通,则视频电缆断路,需重新制作。

使用万用电表检查视频电缆两端BNC接头的屏蔽金属套筒与芯线插针之间是否导通,若导通,则视频电缆短路,需重新制作。

4.5.2　摄像机、矩阵、硬盘录像机和监视器间的连接

视频监控接线示意图如图4.12所示。

1. 视频线的连接

高速球云台摄像机的视频输出连接到矩阵的视频输入1,枪式摄像机的视频输出连接到矩阵的视频输入2,红外摄像机的视频输出连接到矩阵的视频输入3,一体化摄像机的视频输出连接到矩阵的视频输入4。

矩阵的视频输出5连接到监视器的输入1,矩阵的视频输出1~4对应连接到硬盘录像机的视频输入1~4。

硬盘录像机的输出1连接到监视器的视频输入2。

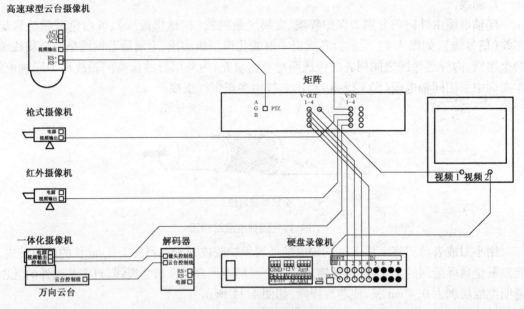

图 4.12   视频监控接线示意图

2. 视频电源连接

高速球云台摄像机的电源为 AC 24 V,枪式摄像机、红外摄像机、一体化摄像机的电源为 DC 12 V,解码器、矩阵、硬盘录像机、监视器的电源为 AC 220 V。

3. 控制线连接

高速球云台摄像机的云台控制线连接到矩阵的 PTZ 中的 A(+)、B(-)。

解码器的控制线连接到硬盘录像机 RS485 的 A(+)、B(-)。

4.5.3   周边防范子系统接线

红外对射探测器的电源输入连接到开关电源的 DC 12 V 输出;且其接收器的公共端 COM 连接到硬盘录像机报警接口的 GND,常开端 CO 连接到硬盘录像机报警接口的 ALARM IN 1。

门磁的报警输出分别连接硬盘录像机报警接口的 Ground 和 ALARM IN 2。

声光报警探测器的负极连接到开关电源的 GND,正极连接到硬盘录像机报警接口的 OUT1 的 1 端,且 OUT1 的另 1 端连接到开关电源 12 V。

周边防范子系统接线如图 4.13 所示。

4.5.4   网线的制作

网线的制作可参考综合布线子系统中的数据跳线制作,其长度约 2 m,线序如图 4.14 所示。

使用该网线连接硬盘录像机的 NET 口到以太网交换机的以太网接口,并从以太网交换机的另外端口连接到计算机上。

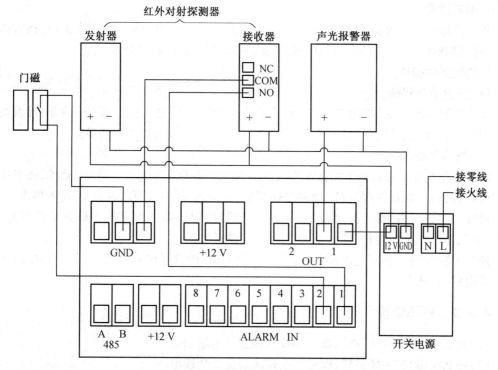

图 4.13　周边防范子系统接线

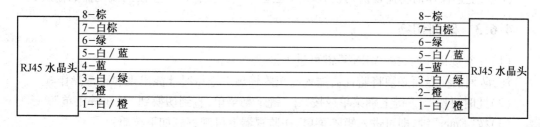

图 4.14　视频监控子系统的网线线序

4.6　系统编程及操作

4.6.1　监视器的使用

1. 打开电源

打开电源并打开监视器的电源开关。

2. 图像调整

将遥控器对准监视器的遥控接收窗,按一下"菜单"键,呼出"图像"菜单,接着按"上移/下移"键选择要调整项,按"增加/减少"键,对选项进行增、减操作。

3. 系统设置

将遥控器对准监视器的遥控接收窗,连续按 2 下"菜单"键,呼出"系统"菜单,接着按"上移/下移"键选择要调整项,按"增加/减少"键,对选项进行增、减操作。

4. 浏览设置

将遥控器对准监视器的遥控接收窗,连续按3下"菜单"键,呼出"系统"菜单,接着按"上移/下移"键选择要调整项,按"增加/减少"键,对选项进行增、减操作。

5. 监视器的操作

(1)视频手动切换。

将遥控器对准监视器的遥控接收窗,连续按2下"菜单"键,呼出"系统"菜单,接着按"上移/下移"键选择"视频",按"增加/减少"键,将在输入1和输入2之间切换。

(2)视频自动切换。

将遥控器对准监视器的遥控接收窗,连续按3下"菜单"键,呼出"浏览"菜单,接着按"上移/下移"键选择"通道选择",按"增加/减少"键,将进入"输入1"和"输入2"设置界面。

可按"上移/下移"键选择"输入1"或"输入2",按"增加/减少"键,将该通道设置为"开"或者"关",本实训中需要将"输入1"和"输入2"设置为"开"。

按"浏览"键返回到浏览设置菜单,按"上移/下移"键选择浏览开关,并按"增加/减少"键将浏览设置为"开"。

4.6.2　矩阵切换

(1)按数字键"5"-"MON",即可切换到通道5的输出。

(2)按数字键"2"-"CAM",即可切换输入通道2到输出。

注意:上述操作需将监视器切换到输入通道1,且矩阵输出5连接到监视器的输入1。

4.6.3　队列切换

(1)在常规操作时,按"MENU"键可进入键盘菜单。

注:队列切换界面必须将监视器输入与矩阵输出1连接时才能出现和正常操作。

(2)此时可按"↑"键上翻菜单或按"↓"键下翻菜单,直到切换到"7)矩阵菜单"。

(3)按"Enter"键,即可进入矩阵菜单,在监视器上可观察到如下菜单:

　　　　　　　　　1 系统配置设置

　　　　　　　　　2 时间日期设置

　　　　　　　　　3 文字叠加设置

　　　　　　　　　4 文字显示特性

　　　　　　　　　5 报警联动设置

　　　　　　　　　6 时序切换设置

　　　　　　　　　7 群组顺序切换

　　　　　　　　　8 群组顺序切换

　　　　　　　　　9 报警记录查询

　　　　　　　　　0 恢复出厂设置

(4)按"↑"键或按"↓"键将菜单前闪烁的"▶"切换到"6 时序切换设置"。

(5)按"Enter"键,即可进入如下队列切换编程界面:

视频输出 01　　　　　　　　驻留时间 02

视频输入

01 = 0001	09 = 0009	17 = 0017	25 = 0025
02 = 0002	10 = 0010	18 = 0018	26 = 0026
03 = 0003	11 = 0011	19 = 0019	27 = 0027
04 = 0004	12 = 0012	20 = 0020	28 = 0028
05 = 0005	13 = 0013	21 = 0021	29 = 0029
06 = 0006	14 = 0014	22 = 0022	30 = 0030
07 = 0007	15 = 0015	23 = 0023	31 = 0031
08 = 0008	16 = 0016	24 = 0024	32 = 0032

(6)按"↑"键或按"↓"键将闪烁的"▶"切换到当前修改的参数,通过输入数字并按"Enter"键完成相应的参数修改,最后将其内容修改成如下形式:

视频输出 05   驻留时间 05
视频输入

01 = 0001	09 = 0000	17 = 0000	25 = 0000
02 = 0003	10 = 0000	18 = 0000	26 = 0000
03 = 0002	11 = 0000	19 = 0000	27 = 0000
04 = 0004	12 = 0000	20 = 0000	28 = 0000
05 = 0003	13 = 0000	21 = 0000	29 = 0000
06 = 0004	14 = 0000	22 = 0000	30 = 0000
07 = 0001	15 = 0000	23 = 0000	31 = 0000
08 = 0002	16 = 0000	24 = 0000	32 = 0000

(7)按"DVR"键,返回到矩阵菜单。

(8)按"DVR"键,退出矩阵菜单。

(9)连续按"Exit"键 2 次,退出设置菜单。

(10)按"SEQ",即可在输出通道 5 执行队列切换输出。

(11)按"Shift"+"SEQ"键,即可停止该队列。

4.6.4 矩阵控制云台

(1)按"5"-"MON"键,切换到通道 5 输出。

(2)按"1"-"CAM"键,切换输入的摄像机 1。

注意:这里需要高速球云台摄像机的地址为 1,通信协议为 Pelco-d,波特率为 2 400 b/s。

(3)控制矩阵的摇杆,即可控制高速球云台摄像机进行相应的转动。

(4)按"Zoom Tele"键或"Zoom Wide"键即可实现镜头的拉伸。

(5)使用摇杆和矩阵键盘切换到高速球需监视的预置点 1。

(6)按"1"输入预置点号"1",并按"Shift"+"Call"键,设置高速球云台摄像机的预置点。

(7)同样,参考步骤(5)、(6)内容,设置其他的预置点 2、3、4。

(8)预置点的调用,按"1"-"CALL"即可切换到预置点 1,同样可切换到预置点 2、3、4。

4.6.5 硬盘录像机控制云台

注意:以下操作基于海康威视品牌 DS-8800ST 系列硬盘录像机。其他品牌型号的硬盘录像机请根据说明书自行调整操作方法。

（1）解码器地址、通信协议和波特率的拨码设置。

①地址设置（1~6地址开关设置）。

地址码为6位二进制码，等于各开关ON的位置的总和。总数可设64路。如57路，则57=1+8+16+32对应位设ON，如图4.15所示。

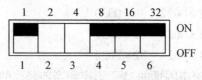

图4.15　1~6地址开关设置

②波特率设置（7~8波特率设置见表4.1）。

表4.1　7~8波特率设置

拨码设置	波特率	拨码设置	波特率
ON OFF 7 8	1 200	ON OFF 7 8	4 800
ON OFF 7 8	2 400	ON OFF 7 8	9 600

③通信协议设置（1~4通信协议设置见表4.2）

表4.2　1~4通信协议设置

序号	FUNCT	通信协议	波特率	适用范围
1	ON OFF 1 2 3 4	PELCO-D	9 600	派尔高系列监控系统
2	ON OFF 1 2 3 4	PELCO-P	9 600	派尔高系列监控系统
3	ON OFF 1 2 3 4	SAMSUNG	9 600	三星系列监控系统
4	ON OFF 1 2 3 4	Philips	2 400	飞利浦硬盘录像机
5	ON OFF 1 2 3 4	RM110	9 600	科佳监控设备
6	ON OFF 1 2 3 4	CCR-20G	4 800	PICASO 监控设备
7	ON OFF 1 2 3 4	HY、ZR	9 600	康银硬盘录像机
8	ON OFF 1 2 3 4	KALATEL	9 600	KALATEL 监控设备
9	ON OFF 1 2 3 4	KRE-301	9 600	Kodicom 监控设备
10	ON OFF 1 2 3 4	VICON	9 600	唯康监控设备
11	ON OFF 1 2 3 4	ORX-10	2 400	PICASO 监控设备

续表

序号	FUNCT	通信协议	波特率	适用范围
12	ON OFF 1 2 3 4	PANASONIC	9 600	松下监控系统
13	ON OFF 1 2 3 4	PIH717	9 600	LILIN 监控设备
14	ON OFF 1 2 3 4	Eastern	1 200	Eastern 硬盘录像机
15	ON OFF 1 2 3 4	自动选择	9 600	自动匹配控制协议

（2）本操作中，解码器已经连接到硬盘录像机，且解码器的地址为4，通信协议为Pelco-D，波特率为2 400 b/s。

（3）在硬盘录像机上，登录系统后，依次进入"主菜单"→"配置管理"→"云台配置"界面，如图4.16所示，并设置参数：通道，4；协议，PELCOD；地址，4；波特率，2 400；数据位，8；停止位，1；校验，无。也可以通过鼠标右键菜单/面板"云台控制"键进入云台控制界面，选择鼠标右键菜单"云台配置"按钮。

图4.16　云台控制参数设置界面

（4）在单画面显示下，按数字键"4"，将监视器的显示界面切换到高速球云台摄像机的监控图像，如图4.17所示。

图4.17　云台控制界面

（5）使用前面板的方向键"上、下、左、右"即可控制球云台（一体化摄像机）进行上、下、左、右转动。

按前面板的慢放"▶"键或者快进"▶▶"键将高速球云台摄像机的放大倍数增大或者减小。

（6）轨迹扫描功能。

①进入云台控制界面（预览模式下，本地通过右键菜单、前面板、遥控器、键盘的"云台控制"键进入）。通过鼠标右键菜单"轨迹设置"项，进入轨迹管理界面。

②设置轨迹。选择轨迹序号，选择"记录轨迹"，操作鼠标（拖动画面或点击鼠标控制框内8个方向按键）和前面板、键盘、遥控器等方向按键使云台转动，此时云台的移动轨迹将被记录，直到选择"结束记录"为止。如图4.18所示。

说明：开始记录轨迹后，轨迹界面隐藏，直到再次打开轨迹界面（"记录轨迹"会变成"结束轨迹"）。

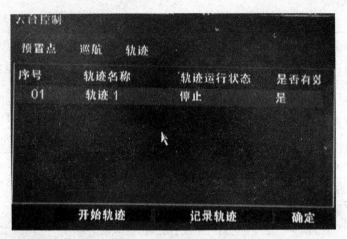

图 4.18　设置轨迹界面

③调用轨迹。选择轨迹序号,选择"开始轨迹",云台将按照此轨迹序号记录的轨迹运行,直到选择"停止轨迹"为止。

4.6.6　硬盘录像机控制高速球

1. 高速球的控制

高速球的控制方法与云台相同,可参照"硬盘录像机控制云台"的(1)~(3)步。请读者注意通道、协议、地址、波特率、数据位、停止位、校验位在高速球的拨码开关上的设置与硬盘录像机的设置必须一致。

2. 预置点的设置与调用

(1)进入云台控制界面(预览模式下,本地通过右键菜单、前面板、遥控器、键盘的"云台控制"键进入)。选择鼠标右键菜单"预置点设置"项,进入预置点管理界面。

(2)设置、调用预置点。操作鼠标(拖动画面或点击鼠标控制框内 8 个方向按键)和前面板/键盘/遥控器等方向按键使云台转至某位置,再选择"设置"保存。如需要删除预置点,选择预置点序号,选择"清除"。如需要删除全部预置点,选择"清除所有"。如需要调用预置点,选择有效预置点序号,选择"调用"。

3. 巡航功能的设置与调用

(1)进入云台控制界面(预览模式下,本地通过右键菜单、前面板、遥控器、键盘的"云台控制"键进入)。选择鼠标右键菜单"巡航设置"项,进入巡航管理界面。

(2)设置巡航路径,选择巡航路径,选择参与该巡航路径的有效预置点,选择"设置",进入该预置点设置界面。设置该预置点作为巡航路径中关键点参数(包括关键点序号,巡航时间,巡航速度)。勾选需要作为巡航关键点的预置点序号,选择"添加",即可完成该条巡航路径的设置。选择"清除",将删除该条巡航路径下的所有关键点信息。

(3)调用巡航。选择已设置好的巡航路径,选择"开始巡航"即可调用该巡航路径,或通过鼠标右键菜单调用。选择"停止巡航"即可停止该巡航路径。

4.6.7　手动录像

通过设备前面板"录像"键或主菜单进入手动录像界面,进行手动录像的开启/关闭操作。

说明:开启录像请将(默认)"OFF"状态变为"ON";关闭录像请将状态"ON"变为"OFF"。注意:设备重新启动后,之前启用的手动录像均失效。如图 4.19 所示。

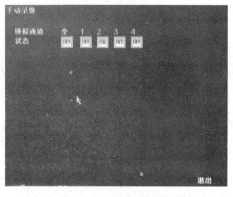

图 4.19　手动录像设置

4.6.8　定时录像

(1)进入录像配置菜单的录像计划界面,选择采用定时录像的通道。路径:主菜单→配置管理→录像配置,选择"录像计划"属性页,选择"编辑计划",见图 4.20 所示。

注意:DS-8800H-ST 默认为全天录像。

(2)设置定时录像时间计划表。如图 4.21 所示,使"录像计划有效"状态为被选中,选择"星期"为周内某一天或整个星期,可对这天或整个星期进行配置。若需要全天录像,使"全天录像"状态为被选中,否则状态为未选中,设置录像时间段,最多为 8 个。

注意:若选择分时段录像,各时间段不可交叉或包含。选择"确认",完成该通道录像设置。

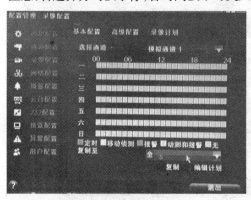

图 4.20　定时录像设置

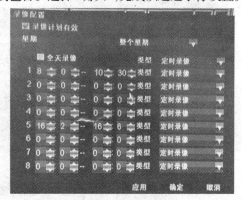

图 4.21　录像时间计划表

(3)该通道录像呈现 7×24 h 普通录像状态。若其他通道与该通道录像计划设置相同,将该通道的设置复制给其他通道。旁边的下拉菜单选"全",单击"复制"按钮,可把当前设置复制至其他通道,如图 4.22 所示。

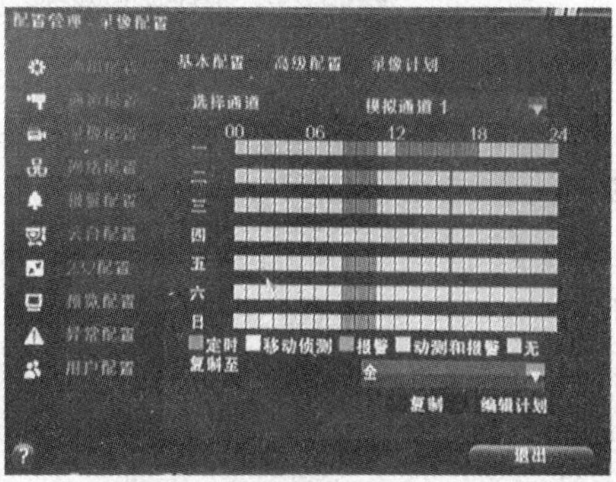

4.6.9　移动侦测录像设置

(1)进入通道配置的高级配置界面选择要进行移动侦测录像的通道。路径:主菜单 → 配置管理→通道配置,选择"高级配置"属性页,如图 4.23 所示。

图 4.22　时间计划效果

（2）设置移动侦测区域及灵敏度。将"视频移动侦测"状态变为 ☑，选择"区域设置"进入移动侦测区域和灵敏度设置界面，如图 4.24 所示。

（3）触发录像通道。选择"处理方式"，进入处理方式界面。选择"触发录像通道"属性页，进入触发录像通道界面，如图 4.25 所示。

选择"触发录像通道"属性页，进入触发录像通道界面。将该通道移动侦测发生时触发的录像通道状态设置为 ☑。选择"确定"，完成该通道移动侦测设置。若还需为其他通道设置移动侦测，请重复（1）~（3）。

图 4.23　移动侦测录像设置

图 4.24　设置移动侦测区域

（4）将该通道设置复制给其他通道。若其他通道配置与该通道一致，请选择"复制至"其他通道或"全"，选择"复制"。说明：触发录像通道不能复制。

（5）进入录像配置菜单的录像计划界面。路径：主菜单→配置管理→录像配置，选择"录像计划"属性页，选择"编辑计划"，如图 4.26 所示。

（6）设置移动侦测录像时间计划表。使"录像计划有效"状态为被选中。选择"星期"为周内某一天或整个星期，配置将对这一天或整个星期生效。"类型"选择移动侦测，若需要全天录像，使"全天录像"状态为被选中，否则状态为未选中，设置录像时间段，最多为 8 个。注意：若选择分时段录像，各时间段不可交叉或包含。选择"确定"，完成该通道录像设置。若还需为其他通道设置移动侦测录像，请重复（5）、（6），若其他通道配置与该通道一致，请进行

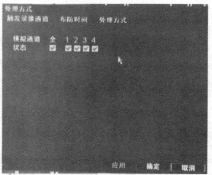

图 4.25　触发录像通道设置

（7），如图 4.27 所示。

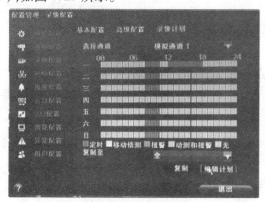

图 4.26　编辑计划　　　　　　　　　图 4.27　设置移动侦测录像计划

（7）该通道录像呈现 7×24 h 移动侦测录像状态。若其他通道与该通道录像计划设置相同，将该通道的设置复制给其他通道。选择"复制至"其他通道或"全"，选择"复制"。

4.6.10　回放录像

本节说明如何按文件列表方式回放录像。常规查询即按录像类型（定时录像、移动侦测录像、报警录像、移动侦测录像或报警录像、移动侦测录像且报警录像、手动录像、全部类型）查询单个或多个通道在某个时间段的录像文件，从生成的符合查询条件的列表中依次播放录像文件，且支持通道切换。

（1）进入录像查询界面。路径：主菜单→录像查询，设置查询条件，选择"查询"进入录像查询列表界面，如图 4.28 所示。

（2）选择需要播放的录像文件，点击 ⊙ 进入回放界面。若查询条件中通道选择为 1 个，选择 ⊙ 进入（4）回放界面；若通道选择超过 1 个，则进入（3）。

（3）选择同步回放通道。说明：若查询条件中通道选择超过 1 个，选择需要播放的录像文件并点击后，选择同步回放的通道，同步回放通道为查询条件中所选择的通道。（2）中选中的文件所属通道为默认的回放主通道（即多路回放中位于左上角第一个的那个通道），如图 4.29 所示。

图4.28　录像查询界面　　　　　　　　图4.29　通道选择

4.7　实训内容

说明:第一步,矩阵、硬盘录像机、监视器、定焦摄像机、红外摄像机、解码器、云台均拆下,放在实验桌上,观察其接线方法,在实验桌上接线,忽略布线,完成下面功能;第二步,将各器件安装回原位,按照线槽走线,实现下面功能。

(1)CRT监视器第一路监控硬盘录像机输出的视频画面,第二路监控矩阵主机第五输出通道的视频画面,通过遥控器能实现两路通道之间的切换。

(2)"智能小区"前的液晶监视器显示矩阵主机第五输出通道的输出画面,"智能大楼"前的液晶监视器显示硬盘录像机的输出画面。

(3)通过矩阵切换各摄像机画面,分别在液晶和CRT监视器上显示。能够实现4路视频画面的队列切换(时序切换),各画面切换时间为3 s。

(4)通过矩阵控制室内万向云台旋转,并对一体化摄像机进行变倍、聚焦操作。

(5)通过硬盘录像机在CRT监视器上实现四路摄像机的画面显示,并控制高速球云台摄像机旋转、变倍和聚焦。

(6)能够使用硬盘录像机设置并调用高速球云台摄像机的预置点,实现高速球云台摄像机的预置点顺序扫描、顺时针扫描、逆时针扫描、线扫(三选一)等操作。

(7)通过硬盘录像机实现报警和预置点联动录像:红外对射探测器触发时,声光报警器报警,同时高速球云台摄像机实现预置点联动录像。

(8)通过硬盘录像机实现枪式摄像机机的动态检测报警录像,并联动声光报警器报警。

第5章

综合布线子系统

5.1　系统概述

综合布线与计算机网络系统是智能建筑通信自动化系统的一个重要组成部分,是建筑物实现内部通信及外部通信的信息通路,是数据、信息交换与处理的重要环节。建筑物内部与外部信息(数据信息、语音信息、闭路电视信息等)的交流与交换,都需通过线缆组成的布线系统实现。

综合布线子系统主要由电话程控交换机、网络交换机、RJ45 配线架、电话配线架、底盒和面板、语音模块、数据模块等部件组成。主要完成对语音、数据线路的铺设、测试以及有关参数的设置等。

5.2　实现功能

(1)按照 ANSI/TIA/EIA 568-B 标准制作两根网络跳线,使用线缆测试仪测试为正常。

(2)按照 ANSI/TIA/EIA 568-B 标准进行网络布线,测试通断状态是否正常。

(3)制作两根语音跳线,并测试其通断正常。

(4)设置电话程控交换机的电话端口 801,802,…,808 分别对应电话号码:100、101、102、103、201、202、301、302。

(5)使用电话跳线连接电话机到电话插座,并且能够正常通话。

5.3　系统框图

综合布线子系统系统框图如图 5.1 所示。

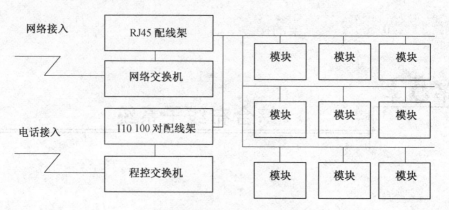

图 5.1　综合布线子系统系统框图

5.4　主要模块及安装

1. 电话程控交换机

将电话程控交换机放置在网络机柜的矩阵主机上面。

2. 以太网交换机

将以太网交换机固定到网络机柜内的下方。

3. RJ48 配线架和电话配线架

将配线架固定到网络机柜内的以太网交换机的下方和墙柜中,它们的安装方式相同。

4. 底盒和模块的安装

将底盒固定到网孔板上,并将模块固定到底盒的面板上,安装时要注意安装方向,避免安装后无法正常连接水晶头。

5.5　系统接线

系统接线如图 2.4 所示。

5.5.1　RJ45 配线架的接线

在 RJ45 配线架背面放置标识后,参考 T568B 标准,对应颜色压线,左边为花色,右边为纯色,如图 5.2 所示。

图 5.2　RJ45 配线架卡线

5.5.2 110 100 对配线架的接线

(1)先将从程控交换机接出来的电话线全部对应地放进网络机柜内的 110 100 对配线架卡槽内,接着手持连接模块,使连接模块上面的灰色标识向下,对准卡槽使劲插入,将其固定到 110 电话配线架上面。

(2)使用压线工具将线缆固定,并切断多余的导线。

(3)剥去电话线的绝缘胶皮,并将电话线按照红、绿颜色分别卡在连接模块的蓝、橙、绿、棕标识两边。

(4)手持压线钳,将卡刀(有刀刃口的一端朝外)一端插入已插好线的接线模块的卡槽内,用力往下压压线钳的另一端,当听到"咔"的一声,则表示已将线卡入接线块的卡槽内。使用相同的办法将其他线缆卡接到连接模块的卡槽内。

5.5.3 模块的接线

(1)手持压线钳(双刀刃的面靠内,单刀刃的面靠外),将超五类线从压线钳的双刀刃面伸到单刀刃面,并向内按下压线钳的两手柄,剥取一端超五类线的绝缘外套约 30 mm 长(注意:该操作过程中容易造成导线被误切断)。

(2)取一根剥除绝缘胶皮的线,按照信息模块上标识(B 类线标准)的颜色,放入对应信息模块 5 或信息模块 6 接线块的卡槽内。

(3)手持压线钳,将卡刀(有刀刃口的一端朝外)一端插入已插好线的信息模块接线块的卡槽内,用力往下压压线钳的另一端,当听到"咔"的一声,则表示已将线卡入接线块的卡槽内。

(4)重复步骤(1)~(3)的方法,将超五类线的另外 7 根线卡入信息模块接线块的卡槽内。

(5)电话模块的卡线仅需卡接中间的两根线缆,方法与 RJ45 模块相同。

5.6 系统编程及操作

5.6.1 网线的连接

1.双绞线

局域网内组网所采用的网线,使用最为广泛的为双绞线(Twisted-Pair Cable,TP),双绞线由不同颜色的 4 对 8 芯线组成,每两条按一定规则绞织在一起,成为一个芯线对。双绞线作为网络连接的传输介质,网络上的所有信息都需要在这样一个信道中传输,因此其作用十分重要,如果双绞线本身质量不好,传输速率受到限制,即使其他网络设备的性能再好,传输速率也提不上去。双绞线一般有屏蔽(Shielded Twisted-Pair,STP)与非屏蔽(Unshielded Twisted-Pair,UTP)之分。

双绞线按电气性能划分的话,可以划分为:三类、四类、五类、超五类、六类、七类双绞线等类型,数字越大,也就代表着级别越高、技术越先进、带宽也越宽,当然价格也越高。三类、四类线目前在市场上几乎没有了,如果有,也不是以三类或四类线出现,而是假以五类,甚至超五类线出售,这是目前假五类线最多的一种。在一般局域网中常见的是五类、超五类或者六类非屏蔽双绞线。屏蔽的五类双绞线外面包有一层屏蔽用的金属膜，它的抗干扰性能好些，但应用的条件比较苛刻，而且不是用了屏蔽的双绞线，在抗干扰方面就一定强于非屏蔽双绞线。屏蔽双绞线的屏蔽作用只在整个电缆均有屏蔽装置，并且两端正确接地的情况下才起作用。所以，要求整个系统全部是屏蔽器件，包括电缆、插座、水晶头和配线架等，同时建筑物需要有良好的地线系统。事实上，在实际施工时，很难全部完美接地，从而使屏蔽层本身成为最大的干扰源，导致性能甚至远不如非屏蔽双绞线。所以，除非有特殊需要，否则在综合布线系统中只采用非屏蔽双绞线。

双绞线作为一种价格低廉、性能优良的传输介质，在综合布线系统中被广泛应用于水平布线。双绞线价格低廉、连接可靠、维护简单，可提供高达 1 000 Mb/s 的传输带宽，不仅可用于数据传输，而且可用于语音和多媒体传输。目前的超五类和六类非屏蔽双绞线可以提供155 Mb/s 的通信带宽，并拥有升级至千兆的带宽潜力，因此，成为当今水平布线的首选线缆。

2. 水晶头

RJ-45 插头之所以把它称之为"水晶头"，主要是因为它的外表晶莹透亮。RJ-45 接口是连接非屏蔽双绞线的连接器，为模块式插孔结构。如图 5.3 所示，RJ-45 接口前端有 8 个凹槽，简称 8P(Position)，凹槽内的金属接点共 8 个，简称 8C(Contact)，因而也有 8P8C 的别称。

图 5.3　水晶头

3. 双绞线接线标准

双绞线的制作方式有两种国际标准，分别为 EIA/TIA568A 和 EIA/TIA568B。而双绞线的连接方法也有两种，分别为直通线缆和交叉线缆。简单地说，直通线缆就是水晶头两端都同时采用 T568A 标准或者 T568B 的接法，而交叉线缆则是水晶头一端采用 T586A 标准制作，而另一端则采用 T568B 标准制作，即 A 水晶头的 1、2 对应 B 水晶头的 3、6，而 A 水晶头的 3、6 对应 B 水晶头的 1、2。

T568A 标准描述的线序从左到右如图 5.4 所示。T568B 标准描述的线序从左到右如图5.5 所示。

1　绿白（绿色的外层上有些白色，与绿色的是同一组线）
2　绿色
3　橙白（橙色的外层上有些白色，与橙色的是同一组线）
4　蓝色
5　蓝白（蓝色的外层上有些白色，与蓝色的是同一组线）
6　橙色
7　棕白（棕色的外层上有些白色，与棕色的是同一组线）
8　棕色

图 5.4　T568A 标准接线顺序

1　橙白（橙色的外层上有些白色，与橙色的是同一组线）
2　橙色
3　绿白（绿色的外层上有些白色，与绿色的是同一组线）
4　蓝色
5　蓝白（蓝色的外层上有些白色，与蓝色的是同一组线）
6　绿色
7　棕白（棕色的外层上有些白色，与棕色的是同一组线）
8　棕色

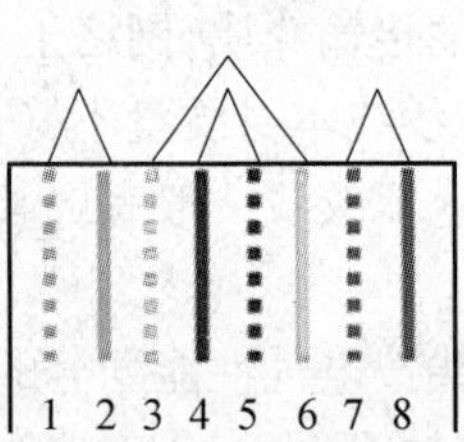

图 5.5　T568B 标准接线顺序

　　压线的时候,要注意将水晶头有塑料弹簧片的一面向下,有针脚的一面向上,使有针脚的一端指向远离自己的方向,有方型孔的一端对着自己,如图 5.6 所示。此时,最左边的是第 1 脚,最右边的是第 8 脚,其余依次顺序排列。插入的时候需要注意缓缓地用力把 8 条线缆同时沿 RJ-45 头内的 8 个线槽插入,一直插到线槽的顶端。

图 5.6　制作网线的参考方向

5.6.2　系统布线

　　参考系统接线的相关内容,按照以下要求布线。

　　(1)智能大楼内正面上网孔板,从左往右算,第一个信息插座为语音插座,连接到墙柜内的 110 100 对电话配线架上,并通过电话线连接到网络机柜内的 110 100 对电话配线架上,最后连接到程控交换机的 801 端口;第二个信息插座连接到墙柜内的 RJ45 配线架的第一个端口。

　　(2)智能大楼内正面下网孔板,从左往右算,第一个信息插座为语音插座,连接到网络机柜内的 110 100 对电话配线架上,最后连接到程控交换机的 802 端口,第二个信息插座连接到网络机柜内的 RJ45 配线架的第二个端口。

　　(3)使用网络跳线连接网络机柜内的 RJ45 配线架前 2 个端口到以太网交换机的以太网端口。

5.6.3　制作语音跳线

　　(1)使用压线钳剥去一段电话线的外皮;

　　(2)将电话线按照绿、红的顺时针方向排列,插入 RJ11 水晶头(带弹簧片的一端向下,铜片的一端向上)的正中两插槽内。

　　(3)将该 RJ11 水晶头放入压线钳的 6P 插槽内,并用力向内按下压线钳的两手柄。

　　(4)取出并制作电话线另外一端的 RJ11 水晶头。

　　(5)将做好的跳线两端分别插入 RJ11 网络测试仪两个 6 针的端口,然后将测试仪的电源开关打到“ON”的位置,此时测试仪的指示灯 3、4 依次闪亮,如有灯不亮,则所做的跳线不合格。其原因可能是两边的线序有错,或者线与水晶头的铜片接触不良,须重新压接 RJ11 水晶头。

5.6.4　电话程控交换机的应用

　　(1)使用语音跳线连接控制程控交换机的 801 端口到电话机。

　　(2)提起该电话机,连续输入“＊01 2008#”(“01”为操作代码,“2008”为系统密码)代码,听到“嘟”一声时,表示该程控交换机已进入编程状态,此时不挂机。

　　(3)连续输入“＊6 801 100#”(其中“6”为操作代码,“801”为原交换机 801 端口的分机号码,“100”为 802 端口新的分机号码)。当听到“嘟”的一声后,将电话机 1 挂机。

　　(4)重复步骤(1)～(3)的操作,将电话程控交换机的电话端口 801,802,…,808 分别对应电话号码:100、101、102、103、201、202、301、302。

　　注意:控制中心的语音插座连接到程控交换机的 801 端口。

5.6.5 电话通话

(1)使用语音跳线连接程控交换机的 801 端口到电话机 1,连接智能大楼语音插座到电话机 2。

(2)提起电话机 2,拨 100,电话机 1 振铃。

(3)提起电话机 1,则可以实现通话。

5.7 实训内容

(1)按照 TIA568B 的标准对 RJ45 配线架、数据信息模块进行打线操作。

(2)对电话配线架和语音信息模块进行打线。

(3)采用 TIA568B 标准制作网络跳线。

(4)按照要求设置程控交换机 801 和 802 端口对应的电话号码分别为 601 和 602,且两部电话机可通过两个语音插座进行通话。

第6章 消防报警联动子系统

6.1 概　　述

火灾自动报警和消防控制系统是(广义)楼宇自动化系统的重要子系统。火灾自动报警系统探测火灾隐患,肩负着保护建筑内人员生命安全和财产安全的重任。火灾自动报警系统设计必须符合国家强制性标准《火灾自动报警系统设计规范》(GB50116—98)的规定,同时也要适应建筑智能化系统集成的要求。在系统设计时要合理选配产品,做到安全适用,技术先进、经济合理。

按照《火灾自动报警系统设计规范》(GB50116—98)的要求,火灾自动报警系统应为一个独立的系统。目前,在许多楼宇自动化系统设计中,要求火灾自动报警系统向楼宇自动化系统发送信号。发生火灾时,火灾自动报警系统可向楼宇自动化系统发出火警信号,但火灾消防的专用设备仍通过消防控制系统进行控制。火灾自动报警和消防控制系统采用专用通信总线,构成独立系统。随着智能建筑技术的发展,将火灾自动报警和消防控制系统完全纳入楼宇自动化系统中去直接控制,这是今后的规范和技术值得进一步研究探讨的问题。

消防报警联动子系统是楼宇智能化工程实训系统的一个子系统,且系统独立于其他子系统。系统主要由火灾报警控制器、输入输出模块及模拟消防设备(消防泵、排烟机、防火卷帘门)和多种消防探测器(感烟探测器、感温探测器)等组成。

本实训系统中,消防报警联动子系统主要用来完成对消防系统的安装、布线、编程调试、联动应用等技能的考核、实训。

6.2　主要模块及安装

6.2.1　GST-200 火灾报警控制器

对于火灾自动报警系统来说,火灾报警控制器是火灾自动报警系统中的核心单元,负责监视和收集现场火灾探测器的信号以及一些需要监视的设备的状态信号,另外,火灾报警器还需要联动一些控制装置。对于联网的系统,火灾报警控制器还要将报警信息传送给上一级报警管理中心。

JB-QB-GST200(以下简称 GST200)火灾报警控制器(联动型)是海湾公司推出的新一代火灾报警控制器,为适应工程设计的需要,本控制器兼有联动控制功能,它可与海湾公司的其他产品配套使用组成配置灵活的报警联动一体化控制系统,因而具有较高的性价比,特别适用于中小型火灾报警及消防联动一体化控制系统。

1. 配置灵活、可靠性高

本控制器是采用双微处理器并行处理的系列产品,包括16点、32点、64点、96点、128点、192点、242点火灾报警控制器以及火灾报警联动型等14种控制器,能满足小型工程的不同需要。不论对联动类还是报警类总线设备,控制器都设有不掉电备份,以保证系统调试完成后所注册到的设备全部受到监控。

2. 功能强、控制方式灵活

本控制器为一个完全开放的系统,通过扩展接口连接数字化网络系统,能完成控制器网络通信的要求。同时,本控制器可挂接防盗模块,并设有自动防盗功能,可自动定时开启和关闭防盗模块。

3. 智能化操作、简单方便

本控制器具有智能化操作的特点,即在特定的信息屏幕下,可通过快捷键来实现对外部设备的相关操作,而不需要输入设备的二次编码,从而大大简化了操作过程,提供了良好的人机界面。

4. 窗口化、汉字菜单式显示界面

本控制器采用窗口化菜单式命令,增加了每屏中所包含的信息量,当有多种类型的信息存在时,通过"◁"、"▷"键操作,可以方便地看到各种全面、细致的显示信息,汉字菜单做到明白易懂、方便直观。通过简单的操作(选择数字或移动光条)就可实现系统所提供的多种功能。

5. 全面的自检功能

本控制器开机自检时,不仅能自动检测本机设备(指示灯、功能键等),而且还能逐条检测外部设备的注册信息及联动公式信息,如信息发生变化,系统将做相应的处理。

6. 配备智能化手动消防启动盘

本控制器配接的智能化手动消防启动盘,操作方便、可靠性高,手动消防启动盘上的每个启/停键均可通过定义与系统所连接的任意一个总线设备关联,完成对该总线联动设备的启/停控制,从而解决了报警联动一体化系统的工程布线、设备配置及安装调试存在的固有问题。

7. 独立的气体喷洒控制密码和联动公式编程

本控制器对具有特殊重要意义的气体喷洒设备提供了独立的控制密码和联动编程空间,并有相应的声光指示,使气体喷洒设备受到了更严格的监控。

8. 配接汉字式火灾显示盘

本控制器可配接海湾公司生产的汉字式火灾显示盘,汉字信息无需下载,方便可靠,并可以通过对火灾显示盘的设备定义,灵活地实现火灾显示盘的分楼区及分楼层的显示功能。

9. 开关电源

本控制器的供电电源为低压开关电源,对主、备电均做稳压处理,保证低压时系统仍能正常工作。充电部分采用开关恒流定压充电,保证交流最低电压达187 V时,仍能使电池快速充电。本控制器具有备电保护功能,备电供电时,如备电电压低于10 V,系统将自动切断备电。

GST-200火灾报警控制器外形如图6.1所示。

GST-200火灾报警控制器(联动型)显示操作盘面板由指示灯区、液晶显示屏及按键区三部分组成,如图6.2所示。

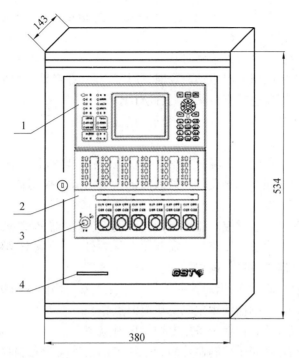

图 6.1　GST-200 火灾报警控制器外形图
1—显示操作盘；2—智能手动操作盘；③—多线制锁；
④—打印机显示操作盘面板说明

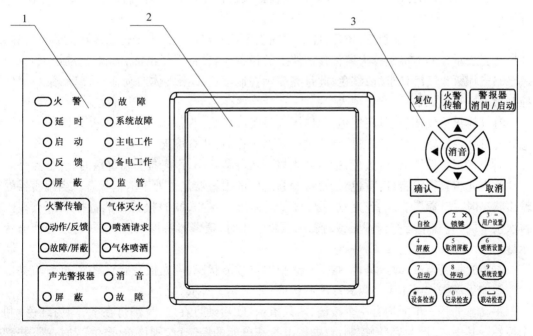

图 6.2　操作盘面板示意图
1—指示灯区；2—液晶显示屏；3—按键区

指示灯说明如下：

①火警灯：红色，此灯亮表示控制器检测到外接探测器、手动报警按钮等处于火警状态。控制器进行复位操作后，此灯熄灭。

②延时灯：红色，指示控制器处于延时状态。

③启动灯：红色，当控制器发出启动命令时，此灯闪亮。在启动过程中，当控制器检测到反馈信号时，此灯常亮，控制器进行复位操作后，此灯熄灭。

④反馈灯：红色，此灯亮表示控制器检测到外接被控设备的反馈信号。反馈信号消失或控制器进行复位操作后，此灯熄灭。

⑤屏蔽灯：黄色，有设备处于被屏蔽状态时，此灯点亮，此时报警系统中被屏蔽设备的功能丧失，需要尽快恢复，并加强被屏蔽设备所处区域的人员检查。控制器没有屏蔽信息时，此灯自动熄灭。

⑥故障灯：黄色，此灯亮表示控制器检测到外部设备（探测器、模块或火灾显示盘）有故障或控制器本身出现故障。除总线短路故障需要手动清除外，其他故障排除后可自动恢复。当所有故障被排除或控制器进行复位操作后，此灯会随之熄灭。

⑦系统故障灯：黄色，此灯亮，指示控制器处于不能正常使用的故障状态，需要维修。

⑧主电工作灯：绿色，控制器使用主电源供电时点亮。

⑨备电工作灯：绿色，控制器使用备用电源供电时点亮。

⑩监管灯：红色，此灯亮表示控制器检测到总线上的监管类设备报警，控制器进行复位操作后，此灯熄灭。

⑪火警传输动作/反馈灯：红色，此灯闪亮表示控制器对火警传输线路上的设备发出启动信息；此灯常亮表示控制器接收到火警传输设备反馈回来的信号；控制器进行复位操作后，此灯熄灭。

⑫火警传输故障/屏蔽灯：黄色，此灯闪亮表示控制器检测到火警传输线路上的设备故障；此灯常亮表示控制器屏蔽掉火警传输线路上的设备；当设备恢复正常后此灯自动熄灭。

⑬气体灭火喷洒请求灯：红色，此灯亮表示控制器已发出气体启动命令，启动命令消失或控制器进行复位操作后，此灯熄灭。

⑭气体灭火气体喷洒灯：红色，气体灭火设备喷洒后，控制器收到气体灭火设备的反馈信息后此灯亮。反馈信息消失或控制器进行复位操作后，此灯熄灭。

⑮声光报警器屏蔽灯：黄色，指示声光报警器屏蔽状态，声光报警器屏蔽时，此灯点亮。

⑯声光报警器消音：黄色，指示报警系统内的报警器是否处于消音状态。当报警器处于输出状态时，按"报警器消音/启动"键，报警器输出将停止，同时报警器消音指示灯点亮。如再次按下"报警器消音/启动"键或有新的报警发生时，报警器将再次输出，同时报警器消音指示灯熄灭。

⑰声光报警器故障灯：黄色，指示声光报警器故障状态，声光报警器故障时，此灯点亮。

智能手动操作盘由手动盘和多线制构成，如图6.3所示。

手动盘的每一单元均有一个按键、两只指示灯（启动灯在上，反馈灯在下，均为红色）和一个标签。其中，按键为启/停控制键，如按下某一单元的控制键，则该单元的启动灯亮，并有控制命令发出，如被控设备响应，则反馈灯亮。用户可将各按键所对应的设备名称书写在设备标签上面，然后与膜片一同固定在手动盘上。

多线制控制盘每路的输出都具有短路和断路检测的功能，并有相应的灯光指示。每路输

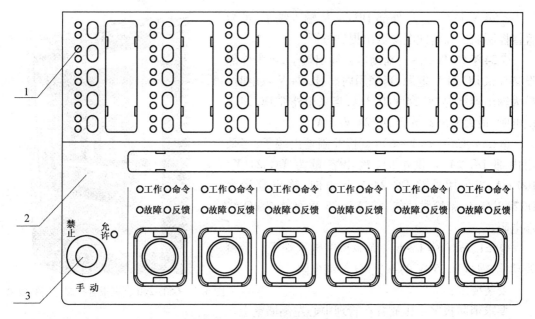

图 6.3　智能手动操作盘
1—手动盘;2—多线制;3—多线制锁

出均有相应的手动直接控制按键,整个多线制控制盘具有手动控制锁,只有手动锁处于允许状态,才能使用手动直接控制按键。采用模块化结构,由手动操作部分和输出控制部分构成,手动操作部分包含手动允许锁和手动启停按键,输出控制部分包含 6 路输出。它与现场设备采用四线连接,其中两线用于控制启停设备,另两线用于接收现场设备的反馈信号,输出控制和反馈输入均具有检线功能。每路提供一组 DC 24 V 有源输出和一组无源触点反馈输入。

控制器外接端子说明如图 6.4 所示。图中:

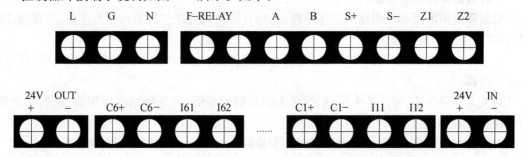

图 6.4　控制器外接端子

①L、G、N:交流 220 V 接线端子及交流接地端子。

②F-RELAY:故障输出端子,当主板上 NC 短接时,为常闭无源输出;当 NO 短接时,为常开无源输出。

③A、B:连接火灾显示盘的通信总线端子。

④S+、S-:报警器输出,带检线功能,终端需要接 0.25 W 的 4.7 kΩ 电阻,输出时的电源容量为 DC 24 V/0.15 A。

⑤Z1、Z2:无极性信号二总线端子。

⑥24 V IN(+、-)：外部 DC 24 V 输入端子，可为直接控制输出和辅助电源输出提供电源。

⑦24 V OUT(+、-)：辅助电源输出端子，可为外部设备提供 DC 24 V 电源，当采用内部 DC 24 V 供电时，最大输出容量为 DC 24 V/0.3 A，当采用外部 DC 24 V 供电时，最大输出容量为 DC 24 V/2 A。

⑧Cn+、Cn-($n=1\sim6$)：直接控制输出端子，当采用内部 DC 24 V 供电时，输出容量为 DC 24 V/100 mA，当采用外部 DC 24 V 供电时，输出容量为 DC24 V/1 A。带检线功能，需接 0.25 W 的 4.7 kΩ 终端电阻。

⑨In1、In2($n=1\sim6$)：无源反馈输入端子。带检线功能，需接 0.25 W 的 4.7 kΩ 终端电阻。

图 6.5　GST-200 火灾报警控制器安装效果图

安装要求：
要求消防报警主机放置在管理中心左侧墙壁上。
GST-200 火灾报警控制器安装效果图如图 6.5 所示。

6.2.2　消防探测器

火灾探测器是系统的"感觉器官"，它的作用是监视环境中有没有火灾的发生。一旦有了火情，火灾探测器就会将火灾的特征物理量，如温度、烟雾、气体和辐射光强等转换成电信号，并向火灾报警控制器发送报警信号。对于易燃易爆场合，火灾探测器主要探测其周围空间的气体浓度，在浓度达到爆炸下限以前报警。在个别场合下，火灾探测器也可探测压力和声波。

1. 火灾探测器的选择原则

根据环境的不同和探测器的工作原理，选择合适的火灾探测器显得相当重要，在强制性国家标准《火灾自动报警系统设计规范》GB50116 中有详细的规定。

对火灾初期有阻燃阶段，产生大量的烟和少量的热，很少或没有火陷辐射的场所，应选择感烟探测器。

对火灾发展迅速，可产生大量热、烟和火焰辐射的场所，可选择感温探测器、感烟探测器、火焰探测器或其组合。

对火灾发展迅速，有强烈的火焰辐射和少量烟、热的场所，应选择火焰探测器。

对火灾形成特征不可预料的场所，可根据模拟实验的结果选择探测器。

对使用、生产或聚集可燃气体或可燃液体热气的场所，应选择可燃气体探测器。

2. 本系统火灾探测器介绍

（1）JTY-GD-G3 智能光电感烟探测器。

感烟火灾探测器是一种响应燃烧或热解产生固体或液体微粒的火灾探测器。由于它能探测物质燃烧初期所产生的气溶胶或烟雾粒子的浓度，因此，有的国家称感烟火灾探测器为"早期发现"探测器。气溶胶或烟雾粒子可以改变光强、减小电离室的离子电流以及改变空气电容器的介电常数、半导体的某些性质等。由此，感烟火灾探测器又可分为离子型、光电型、电容型和半导体型等几种，其中光电感烟火灾探测器，按其动作原理的不同，还可以分为减光型

(应用烟雾粒子对光路遮挡原理)和散光型(应用烟雾粒子对光散射原理)两种。

JTY-GD-G3智能光电感烟探测器是采用红外线散射的原理探测火灾。在无烟状态下,只接收很弱的红外光,当有烟尘进入时,由于散射的作用,使接收光的信号增强,当烟尘达到一定浓度时,便输出报警信号。为减少干扰及降低功耗,发射电路采用脉冲方式工作,以提高发射管的使用寿命。该探测器占一个节点地址,采用电子编码方式,通过编码器读/写地址。

①技术参数:

a. 工作电压:信号总线电压,总线24 V;允许范围,16~28 V。

b. 工作电流:监视电流不大于0.8 mA,报警电流不大于2.0 mA。

c. 灵敏度(响应阈值):可设定3个灵敏度级别,探测器出厂灵敏度级别为2级。当现场环境需要在少量烟雾情况下快速报警时,可以将灵敏度级别设定为1级;当现场环境灰尘较多时或者风沙较多的情况下,可以将灵敏度级别设定为3级。

d. 响应阈值:0.11~0.27 dB/m。

e. 报警确认灯:红色,巡检时闪烁,报警时常亮。

f. 编码方式:电子编码(编码范围为1~242)。

g. 线制:信号二总线,无极性。

h. 使用环境:温度,−10~+50℃;相对湿度不大于95%,不凝露。

i. 壳体材料和颜色:ABS,象牙白。

j. 安装孔距:45~75 mm。

k. 执行标准:GB 4711993。

②探测器外形。

探测器外形示意图如图6.6所示。

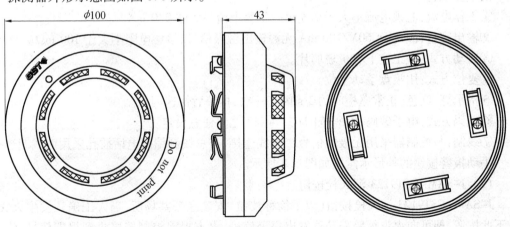

图6.6 探测器外形示意图

(2)JTW-ZCD-G3N点型感温探测器。

JTW-ZCD-G3N点型感温探测器采用热敏电阻作为传感器,传感器输出的电信号经变换后输入到单片机,单片机利用智能算法进行信号处理。当单片机检测到火警信号后,向控制器发出火灾报警信息,并通过控制器点亮火警指示灯。

技术参数:

①工作电压:信号总线电压,总线24 V;允许范围,16~28 V。

②工作电流：监视电流不大于 0.8 mA，报警电流不大于 2.0 mA。

③报警确认灯：红色（巡检时闪烁，报警时常亮）。

④编码方式：十进制电子编码，编码范围在 1 ~ 242 之间。

⑤壳体材料和颜色：ABS，象牙白。

⑥质量：约 115 g。

⑦安装孔距：45 ~ 75 mm。

⑧执行标准：GB 4711993。

要求消防探测器安装在各个房间的"天花板"上，点型感温探测器安装效果图如图 6.7 所示。

图 6.7 点型感温探测器安装效果图

3. 手动报警按钮、消火栓按钮

（1）J-SAM-GST9122 编码手动报警按钮（带电话插孔）。

J-SAM-GST9122 手动火灾报警按钮（含电话插孔）一般安装在公共场所，当人工确认发生火灾后，按下报警按钮上的有机玻璃片，即可向控制器发出报警信号。控制器接收到报警信号后，将显示出报警按钮的编号或位置并发出报警声响，此时只要将消防电话分机插入电话插座即可与电话主机通信。

报警按钮采用按压报警方式，通过机械结构进行自锁，可减少人为误触发现象。报警按钮内置单片机，具有完成报警检测及与控制器通信的功能。单片机内含 EEPROM 用于存储地址码、设备类型等信息，地址码可通过 GST-BMQ-2 型电子编码器进行现场更改。

技术参数：

①工作电流：监视电流不大于 0.8 mA，报警电流不大于 2.0 mA。

②输出容量：额定 DC60V/100 mA 无源输出触点信号，接触电阻不大于 100 mΩ。

③启动方式：人工按下有机玻璃片。

④复位方式：用吸盘手动复位。

⑤指示灯：红色，正常巡检时约 3 s 闪亮一次，报警后快速闪亮。

⑥编码方式：电子编码，编码范围在 1 ~ 242 之间任意设定。

⑦线制：与控制器采用无极性信号二总线连接，与总线制编码电话插孔采用四线制连接。

手动报警按钮的外形示意图如图 6.8 所示。

（2）J-SAM-GST9123 消火栓按钮。

J-SAM-GST9123 消火栓按钮（以下简称按钮）安装在公共场所，当人工确认发生火灾后，按下此按钮，即可向火灾报警控制器发出报警信号，火灾报警控制器接收到报警信号，将显示出与按钮相连的防爆消火栓接口的编号，并发出报警声响。

①技术特性。

注：不允许直接与直流电源连接，否则有可能损坏内部器件。

a. 工作电流：报警电流不大于 30 mA。

b. 启动方式：人工按下有机玻璃片。

c. 复位方式：用吸盘手动复位。

d. 指示灯：红色，报警按钮按下时此灯点亮；绿色，消防水泵运行时此灯点亮。

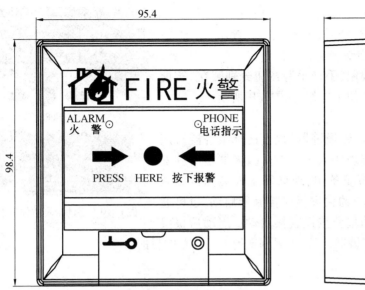

图 6.8　手动报警按钮外形示意图

②结构特征。

按钮端子示意图如图 6.9 所示。

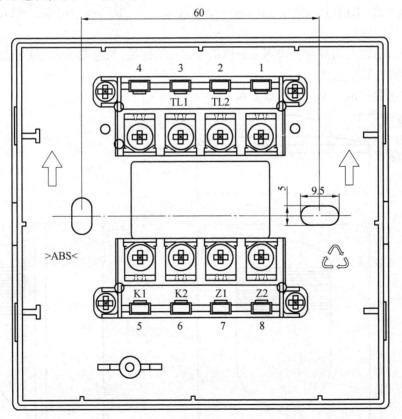

图 6.9　按钮端子示意图

③端子说明：

Z1、Z2：无极性信号二总线端子。

K1、K2：常开输出端子。

要求消防报警按钮、手动报警按钮分别装在"智能大楼"室内的墙上，以便于操作，如图6.10所示。

图6.10 手动报警按钮安装效果图

4.声光报警器

HX-100B 火灾声光报警器（以下简称报警器），用于在火灾发生时提醒现场人员注意。报警器是一种安装在现场的声光报警设备，当现场发生火灾并被确认后，可由消防控制中心的火灾报警控制器启动，也可通过安装在现场的手动报警按钮直接启动。启动后报警器发出强烈的声光报警器，以达到提醒现场人员注意的目的。

（1）技术特性。

①工作电压。

信号总线电压：24 V，允许范围：16 V~28 V。

电源总线电压：DC24 V，允许范围：DC20 V~DC28 V。

电源动作电流：不大于 160 mA。

②编码方式：采用电子编码方式，占一个总线编码点，编码范围可在 1~242 之间任意设定。

③线制：四线制，与控制器采用无极性信号二总线连接，与电源线采用无极性二线制连接。

（2）特征与工作原理。

①火灾报警器的外形示意图如图 6.11 所示。

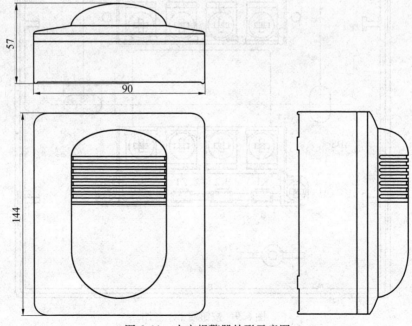

图 6.11 火灾报警器外形示意图

②工作原理。

报警器内嵌微处理器,它能实现与火灾报警控制器的通信、电源总线掉电的检测、声光信号的启动。报警器接收到火灾报警控制器的启动命令后,会发出声光信号。经音效芯片的处理和三极管与变压器的放大,推动扬声器发出声响;采用定时电路控制 6 只超高发光二极管发出闪亮的光信号,也可通过外控触点直接启动声光信号。

要求声光报警器安装在过道中的合适位置。声光报警器安装效果图如图 6.12 所示。

5. LD–8301 单输入/单输出模块

输入模块主要用于接收外部各种开关量信号,如:水流指示器、压力开关,防盗报警器等设备输出的无源开关量信号。设备启动后,常开点变为常闭点,由输入模块向火灾报警控制器发出报警信号,同时,火灾报警控制器显示对应位置或组码,并联动相关设备。

图 6.12　声光报警器安装效果图

LD–8301 单输入/单输出模块采用电子编码器进行编码,模块内有一对常开、常闭触点。模块具有直流 24 V 电压输出,用于与继电器的触点接成有源输出,以满足现场的不同需求。另外模块还设有开关信号输入端,用来和现场设备的开关触点连接,以便确认现场设备是否启动。

LD–8301 单输入/单输出模块主要用于各种一次动作并有动作信号输出的被动型设备,如:排烟阀、送风阀、防火阀等接入到控制总线上。

LD–8301 单输入/单输出模块的底座端子示意图如图 6.13 所示。

(1)端子说明:

①Z1、Z2:接控制器两总线,无极性。

②D1、D2:DC 24 V 电源,无极性。

③G、NG、V+、NO:DC 24 V 有源输出辅助端子,将 G 和 NG 短接、V+和 NO 短接(注意:出厂默认已经短接好,若使用无源常开输出端子,请将 G、NG、V+、NO 之间的短路片断开),用于向输出触点提供+24 V 信号以便实现有源 DC 24 V 输出,无论模块启动与否 V+、G 间一直有 DC 24 V 输出。

④I、G:与被控制设备无源常开触点连接,用于实现设备动作回答确认(也可通过电子编码器设为常闭输入或自回答)。

⑤COM、S–:有源输出端子,启动后输出 DC 24 V,COM 为正极、S–为负极。

⑥COM、NO:无源常开输出端子。

(2)技术参数:

①工作电压:信号总线电压,总线 24 V;允许范围,16～28 V。

　　　　　　电源总线电压:DC 24 V,允许范围,DC20～DC28 V。

②工作电流:总线监视电流不大于 1 mA,总线启动电流不大于 3 mA,电源监视电流不大于 5 mA,电源启动电流不大于 20 mA。

③输入检线:常开检线时线路发生断路(短路为动作信号)、常闭检线输入时输入线路发生短路(断路为动作信号),模块将向控制器发送故障信号。

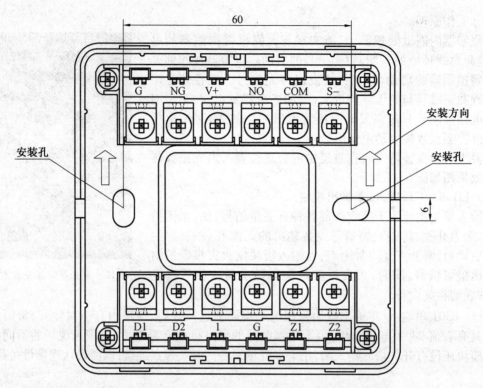

图 6.13　LD-8301 单输入/单输出模块的底座端子示意图

④输出检线:输出线路发生短路、断路,模块将向控制器发送故障信号。

⑤输出容量:无源输出:容量为 DC 24 V/2 A,正常时触点阻值为 100 kΩ,启动时闭合,适用于 12~48 V 直流或交流电。

⑥有源输出:容量为 DC 24 V/1 A。

⑦输出控制方式:脉冲、电平(继电器常开触点输出或有源输出,脉冲启动时继电器吸合时间为 10 s)。

⑧指示灯:红色(输入指示灯:巡检时闪亮,动作时常亮;输出指示灯:启动时常亮)。

⑨编码方式:电子编码方式,占用一个总线编码点,编码范围可在 1~242 之间任意设定。

⑩线制:与火灾报警控制器采用无极性信号二总线连接,与电源线采用无极性二线制连接。

要求输入输出模块安装在"智能大楼"室内墙上,如图6.14 所示。要便于与模拟消防设备的连接。

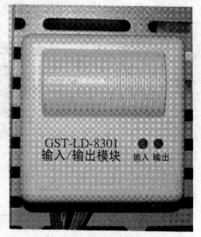

图 6.14　输入输出模块安装效果图

6. 隔离器

LD-8313 隔离器用于隔离总线上发生短路的部分,以保证总线上其他的设备能正常工作。待故障修复后,总线隔离器会自行将被隔离的部分重新纳入系统。此外,使用隔离器还能便于确定总线发生短路的位置。

（1）工作原理。

当隔离器输出所连接的电路发生短路故障时，隔离器内部电路中的自复熔丝断开，同时内部电路中的继电器吸合，将隔离器输出所连接的电路完全断开。总线短路故障修复后，继电器释放，自复熔丝恢复导通，隔离器输出所连接的电路重新纳入系统。

总线隔离器的底座端子示意图如图 6.15 所示。

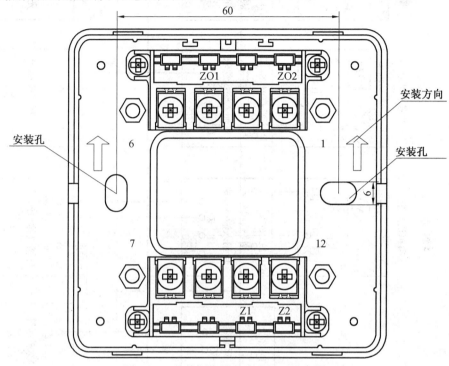

图 6.15　总线隔离器的底座端子示意图

（2）端子说明：

①Z1、Z2：输入信号总线，无极性。

②ZO1、ZO2：输出信号总线，无极性。

③安装孔：用于固定底壳，两安装孔中心距为 60 mm。

④安装方向：指示底壳安装方向，安装时要求箭头向上。安装时按照隔离器的铭牌将总线接在底壳对应的端子上，把隔离器插入底壳上即可。

（3）技术参数：

①工作电流：动作电流不大于 170 mA。

②动作指示灯：红色（正常监视状态不亮，动作时常亮）。

③负载能力：总线 24 V，170 mA。

要求隔离器安装在"管理中心"室内墙上，如图 6.16 所示。

图 6.16　隔离器安装效果图

6.3　系统接线

消防报警联动子系统接线图如图 6.17 所示。

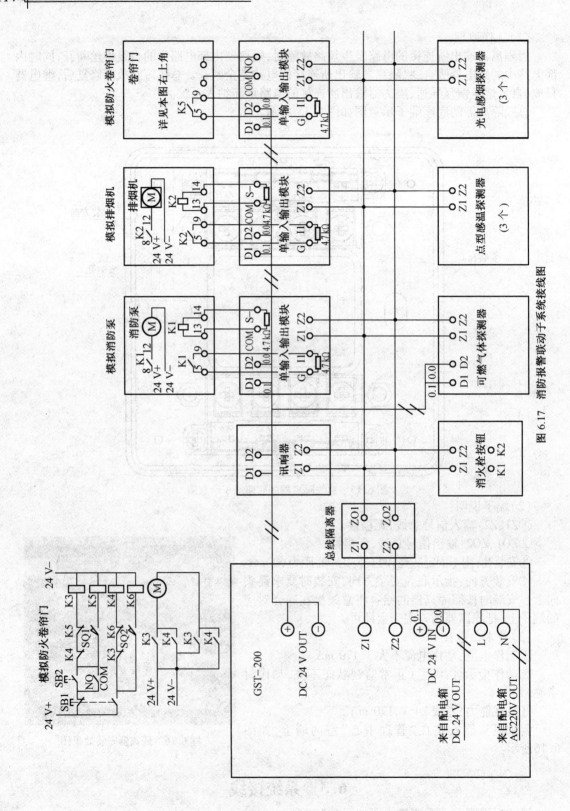

图 6.17 消防报警联动子系统接线图

6.4 系统编程设置

本子系统布好线路后即可对设备进行编程设置.

6.4.1 用电子编码器对各个模块、探测器进行编码

1.电子编码器的功能结构示意图

电子编码器的功能结构示意图如图6.18所示。

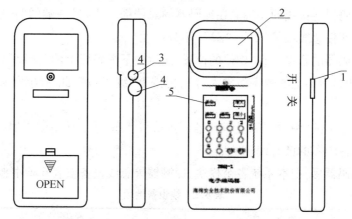

图6.18 电子编码器的功能结构示意图

1—电源开关;2—液晶屏;3—总线插口;4—火灾显示盘接口;5—复位键

(1)电源开关:完成系统硬件开机和关机操作。

(2)液晶屏:显示有关探测器的一切信息和操作人员输入的相关信息,并且当电源欠压时给出指示。

(3)总线插口:编码器通过总线插口与探测器或模块相连。

(4)火灾显示盘接口(I^2C):通过此接口与火灾显示盘相连,并进行各灯的二次码的编写。

(5)复位键:当编码器由于长时间不使用而自动关机后,按下复位键,可以使系统重新上电并进入工作状态。

2.电子编码器的使用

编码器可对探测器的地址码、设备类型、灵敏度进行设定,同时也可对模块的地址码、设备类型、输入设定参数等信息进行设定。

编码前,将编码器连接线的一端插在编码器的总线插口内(如图6.18所示的3处),另一端的两个夹子分别夹在探测器或模块的两根总线端子"Z1","Z2"(不分极性)上。开机(将图6.18所示的1处的开关打到"ON"的位置)后可对编码器做如下操作,实现各参数的写入设定。

(1)读码。

按下"读码"键,液晶屏上将显示探测器或模块的已有地址编码,按"增大"键,将依次显示脉宽、年号、批次号、灵敏度、探测器类型号(对于不同的探测器和模块其显示内容有所不同);按"清除"键后,回到待机状态。

如果读码失败,屏幕上将显示错误信息"E",按"清除"键清除。

①地址码的写入。

在待机状态,输入探测器或模块的地址编码,按下"编码"键,应显示符号"P",表明编码完成,按"清除"键,则回到待机状态。

②探测器灵敏度或模块输入设定参数的写入(此步骤只需了解,不建议操作,因相关参数在产品出厂前均已设置好)。

注意:为防止非专业人员误修改一些重要数据,编码器加有密码锁,开锁密码为"456",加锁密码为"789",请不要随便操作。

(2)编码设置。

①将电子编码器连接线的一端插在编码器的总线插口内,另一端的两个夹子分别夹在光电感烟探测器的两根总线端子"Z1","Z2"(不分极性)上。

②将电子编码器的开关打到"ON"的位置,然后按下编码器上的"清除"键,让编码器回到待机状态,然后用编码器上的数字键输入"1",再按下"编码"键,此时编码器若显示符号"P",则表明编码完成。

③按下编码器上的"清除"键,让编码器回到待机状态,然后按下编码器的"读码"键,此时液晶屏上将显示探测器的已有编码地址。

学会使用编码器后,把本系统各个模块、探测器等总线设备按表6.1中地址进行编码。

表6.1　线设备地址

序号	设备型号	设备名称	编码
1	GST-LD-8301	单输入单输出模块	01
2	GST-LD-8301	单输入单输出模块	02
3	GST-LD-8301	单输入单输出模块	03
4	HX-100B	讯响器	04
5	J-SAM-GST9123	消火栓按钮	05
6	J-SAM-GST9122	手动报警按钮	06
7	JTW-ZCD-G3N	智能电子点型感温探测器	07
8	JTY-GD-G3	智能光电感烟探测器	08
9	JTW-ZCD-G3N	智能电子点型感温探测器	09
10	JTY-GD-G3	智能光电感烟探测器	10
11	JTW-ZCD-G3N	智能电子点型感温探测器	11
12	JTY-GD-G3	智能光电感烟探测器	12

注意:在操作过程中,如果液晶屏前部有"LB"字符显示,表明电池已经欠压,应及时进行更换。更换前应关闭电源开关,从电池扣上拔下电池时不要用力过大。

6.4.2　设置火灾报警控制器参数

设置火灾报警控制器参数之前,先学习一下火灾报警控制器的使用。

1. 修改时间操作步骤

按下"系统设置"键，进入系统设置操作菜单（图6.19），再按对应的数字键可进入相应的界面。

进入系统设置界面需要使用管理员密码（或更高级密码）解锁后才能进行操作。按1键进入"时间设置"界面，屏幕上会出现如图6.20所示的显示。

通过按"△""▽"键，选择欲修改的数据块（年、月、日、时、分、秒的内容）。按"◁"、"▷"键，使光标停在数据块的第一位，逐个输入数据。修改完毕后，按"确认"键，便得到了新的系统时间。时间（时、分）在屏幕窗口的右下角显示。

2. 密码设定操作

（1）密码的分类。

除"消音""设备检查""记录检查""联动检查""锁键""取消""确认"及"△""▽""◁""▷"键外，其他功能键被按下后，都会显示一个要求输入密码的画面（密码由8位0~9的字符组成），输入正确的密码后，才可进行进一步的操作。按照系统的安全性，密码权限从低到高分为用户密码、气体操作密码、系统管理员密码三级，高级密码可以替代低级密码。

用户密码打开的操作包括：复位、自检、火警传输、报警器消音/启动、用户设置、启动、停动、屏蔽、取消屏蔽等。

输入气体操作密码（也可以是系统管理员密码）后可进行喷洒控制菜单操作，但如需进行系统设置菜单操作，必须输入系统管理员密码（不能进入"调试状态"选项）。

当输入正确的用户密码（或更高级密码）后，进行任何用户密码级操作均可不用输入密码。

（2）密码的更改。

在如图6.21所示系统设置操作状态下按"2"键，则进入修改密码操作状态。欲选择修改的密码，屏幕提示"请输入密码"（图6.22），此时输入新密码并按"确认"键，为防止按键失误，控制器要求将新密码重复输入一次加以确认（如图6.23），此时再输入一次新密码，并按下"确认"键。

```
*系统设置操作*
  1  时间设置
  2  修改密码
  3  网络通信设置
  4  设备定义
  5  联动编程
  6  调试状态
```

图6.19　"系统设置操作"菜单

```
请输入当前时间
07年11月05日12时02分14秒
```

图6.20　"时间设置"界面

```
*修改密码操作*
  1  用户密码
  2  气体操作密码
  3  管理员密码
```

图6.21　"修改密码操作"菜单

请输入密码********

手动[√] 自动[√] 喷洒[√] 12:05

图 6.22 输入密码

请确认密码********

手动[√] 自动[√] 喷洒[√] 12:05

图 6.23 确认密码

若两次输入的密码相同,则会退出当前的操作,回到“系统工作正常”屏幕,表明新密码输入成功。若出现错误,屏幕显示“操作处理失败”,需重新进行密码输入操作。

请输入用户号码 1

手动[√] 自动[√] 喷洒[√] 12:06

图 6.24 输入用户号码

本控制器为满足多个值班员操作的要求,在用户密码一级设置了 5 个用户号码(1 ~ 5),每个用户号码可对应于自己的用户密码,当需更改用户密码时,要求先输入用户号码(图 6.24),按“确认”键后,屏幕提示输入密码,此时可输入新密码并加以确认。

3. 设备定义

(1)设备定义的内容。

控制器外接的设备包括火灾探测器、联动模块、火灾显示盘、网络从机、光栅机、多线制控制设备(直控输出定义)等。这些设备均需进行编码设定,每个设备对应一个原始编码和一个现场编码,设备定义就是对设备的现场编码进行设定。被定义的设备既可以是已经注册在控制器上的,也可以是未注册在控制器上的。典型的外部设备定义界面如图 6.25 所示。

外部设备定义

原码: 001 号 键值: 01

二次码: 031001－22 防火阀

设备状态: 1 [脉冲启]

注释信息:

5560476341721724000000000000

总线设备

图 6.25 “外部设备定义”界面

①原码。该设备带的自身编码号,外部设备(火灾探测器、联动模块)原码号为 1 ~ 242;火灾显示盘原码号为 1 ~ 64;网络从机原码号为 1 ~ 32;光栅机测温区域原码号为 1 ~ 64,对应 1 ~ 4 号光栅机的探测区域,从 1 号光栅机的 1 通道的 1 探测区顺序递增;直控输出(多线制控制的设备)原码号为 1 ~ 60。原始编码与现场布线没有关系。

现场编码包括二次码、设备类型、设备特性和设备汉字信息。

②键值。当为模块类设备时,是指与设备对应的手动盘按键号。当无手动盘与该设备相对应时,键值设为“00”。

③二次码。即为用户编码,由 6 位 0 ~ 9 的数字组成,它是人为定义用来表达这个设备所在的特定的现场环境的一组数,用户通过此编码可以很容易地知道被编码设备的位置以及与位置相关的其他信息。推荐用户编码规定如下:

第一、二位对应设备所在的楼层号,取值范围为 0 ~ 99。为方便建筑物地下部分设备的定义,规定地下一层为 99,地下二层为 98,依此类推。

第三位对应设备所在的楼区号,取值范围为 0 ~ 9。所谓楼区是指一个相对独立的建筑物,例如:一个花园小区由多栋写字楼组成,每一栋楼可视为一个楼区。

　　第四、五、六位对应总线制设备所在的房间号或其他可以标识特征的编码。对火灾显示盘编码时,第四位为火灾显示盘工作方式设定位,第五、六位为特征标志位。

　　④设备类型。用户编码输入区"-"符号后的两位数字为设备类型代码,参照"附录1 设备类型表"中的设备类型,光栅机测温区域的类型应设置成 01 光栅测温。输入完成后,在屏幕的最后一行将显示刚刚输入数字对应的设备类型汉字描述。如果输入的设备类型超出设备类型表范围,将显示"未定义"。

　　⑤设备状态。一些具有可变配置的设备,可以通过更改此设置改变配置。可变配置的设备包括:

　　a.点型感温:可改变点型感温探测器类别,可设置成 1 = A1S,2 = A1R,3 = A2S,4 = A2R,5 = BS,6 = BR;分别对应特性(参照 GB 4716-2005《点型感温火灾探测器》)见表 6.2。

表 6.2　点型感温探测器特性

探测器类别	应用温度/℃		动作温度/℃	
	典型	最高	下限值	上限值
A1	25	50	54	65
A2	25	50	54	70
B	40	65	69	85

注:①S 型探测器即使对较高升温速率(在达到最小动作温度前)也不能发出火灾报警信号
　　②R 型探测器具有差温特性,对于高升温速率,即使从低于典型应用温度以下开始升温也能满足响应
　　　时间要求

　　b.点型感烟:可改变点型感烟探测器探测烟雾的灵敏程度,可设置成 1 = 阈值 1,2 = 阈值 2,3 = 阈值 3;分别对应见特性表 6.3。

表 6.3　点型感烟探测器特性

阈值类别	探测器阈值/dBm^{-1}
阈值 1	0.1 ~ 0.21
阈值 2	0.21 ~ 0.35
阈值 3	0.35 ~ 0.56

注:阈值数字越小,探测器越灵敏,可以对较少的烟雾报警

　　c.输出模块:可以改变模块的输出方式,见表 6.4。

表 6.4　模块的输出方式

分类	输出方式	输出信号
1	脉冲启	10 s 左右的脉冲信号
2	电平启	持续信号
3	脉冲停	10 s 左右的脉冲信号
4	电平停	持续信号

注:设置为 3 脉冲停、4 持续停时,表示为停动类设备,即为平时处于"回答"状态的设备。此类设备的
　　"回答"信号不点亮"动作"指示灯,同时也不在信息屏上显示,但记入运行记录器

⑥注释信息。可以输入表示该设备的位置或其他相关汉字提示的信息,最多可输入7个汉字,对应汉字区位码表见"附录2标准汉字码表"。如果非本系统的汉字库汉字,屏幕将显示"①"符号。

(2)设备定义操作。

在图6.19所示系统设置操作状态下按"4"键,屏幕将显示如图6.26所示的设备定义选择菜单,此菜单有两个可选项:"设备连续定义"及"设备继承定义"。每个选项均分为外部设备定义、显示盘定义、1级网络定义、光栅测温定义、2级网络定义、多线制输出定义6种,如图6.27所示。

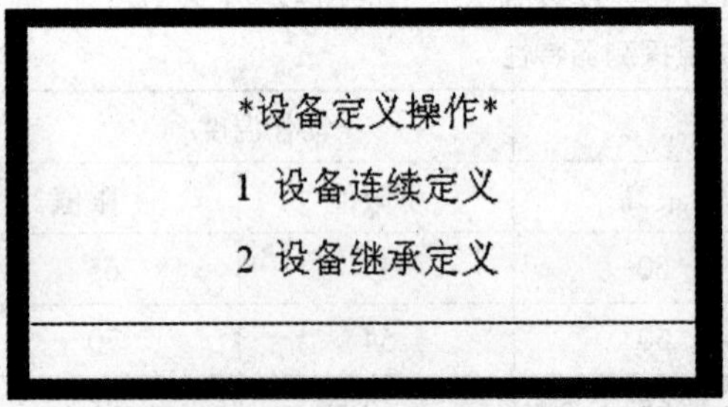

图6.26 "设备定义操作"菜单

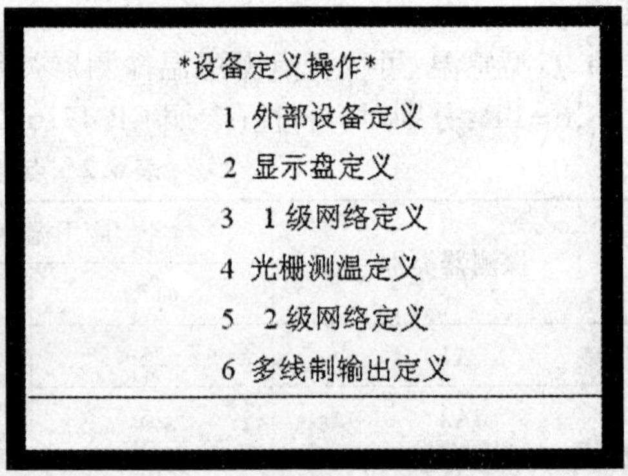

图6.27 "设备定义操作"菜单

(3)设备连续定义。

在如图6.28所示的屏幕状态下按"1",则进入设备连续定义状态。在此状态下,系统默认设备是未曾定义过的。在输入第一个设备结束后,以后设备定义会默认上一个设备的定义,提供如下方便:

①原码中的设备号在小于其最大值时,会自动加一。

②键值为非"00"时,会自动加一。

③二次码自动加一。

④设备类型不变。

⑤特性不变。

⑥汉字信息不变。

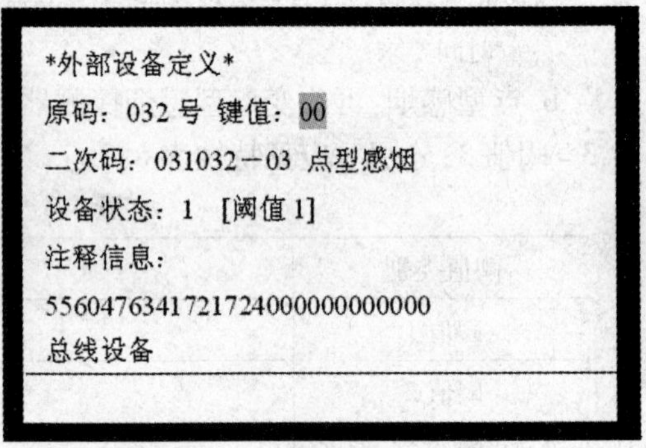

图6.28 "外部设备定义"菜单

(4)外部设备定义。

选择"外部设备定义"后,便进入外部设备定义菜单,此时输入正确的原码后,按"确认"键,液晶屏显示如图6.29所示的内容。

在设备定义的过程中,可通过按"△""▽""◁""▷"键及数字键进行定义操作。

当设备定义完成后,按"确认"键存储,再进行新的定义操作。

注意:在进行设备定义时,如定义的用户码已经存在,将提示"操作处理失败";当定义完最大值设备号的设备后,再按"确认"键,亦将提示"操作处理失败"。

(5)设备继承定义。

设备继承定义是将已经定义的设备信息从系统内调出,可对设备定义进行修改。

例如:已经定义 032 号外部设备是二次码为 031032 的点型感烟探测器;033 号外部设备是二次码为 031033 用于启动喷淋泵的模块,且其对应的手动盘键号为 16 号,现进行设备继承定义操作:

①选择设备继承定义的外部设备定义项,输入原码为 032 后按"确认"键,液晶屏显示二次码为 031032 的点型感烟探测器的信息(图 6.28)。

②按两次"确认"键后,液晶屏显示的是原码为 033、二次码为 031033,用于启动喷淋泵的模块的信息(图 6.29)。

(6)现场设备的定义实例。

图 6.30 中定义了一个第二楼区第八层楼 16 号房间的点型感烟探测器,它的原码为 36 号。

外部设备定义	*外部设备定义*
原码: 001 号 键值: 16	原码: 036 号 键值: 00
二次码: 031033－17 喷淋泵	二次码: 082016－03 点型感烟
设备状态: 1　[脉冲启]	设备状态: 1　[阈值 1]
注释信息:	注释信息:
5560476341721724000000000000	2294340516431867421433892331
总线设备	二楼八层十六房

图 6.29　设备继承的实例　　　　　　图 6.30　现场设备的定义实例

(7)手动消防启动盘控制一般性设备的定义实例。

例:原码为 112 号的控制模块用于控制位于第三楼区第二层的排烟机的启动,现将其用户编码设定为 032072 号,并由手动消防启动盘的 2 号键直接控制。因为排烟机带有启动自锁功能,所以控制模块给出一个脉冲控制信号,即可完成排烟机的启动,故其设备特性设置应为脉冲方式。具体设备定义操作如图 6.31 所示。

(8)手动消防启动盘控制气体灭火设备启动定义实例。

为保障气体喷洒设备受到控制器专门为它们提供的可靠性保护,气体灭火控制盘的启动点、停动点 2 个控制码必须对应地定义为"气体启动""气体停动"类,并且都应该设成电平型控制输出。另外为方便在中控室对气体设备进行控制,可以将"气体启动"和"气体停动"点分别定义为对应的手动键。图 6.32 为二楼机房的气体灭火启动设备的定义实例,按下手动消防启动盘的对应按键,控制器即可发出启动气体灭火设备的命令。

外部设备定义	*外部设备定义*
原码: 112 号 键值: 02	原码: 022 号 键值: 08
二次码: 032072－19 排烟机	二次码: 022054－37 气体启动
设备状态: 1　[脉冲启]	设备状态: 2　[电平启]
注释信息:	注释信息:
5560476341721724000000000000	5560476341721724000000000000
总线设备	二楼机房

图 6.31　手动消防启动盘控制一般性设备的定　　图 6.32　手动消防启动盘控制气体灭火设备启
　　　　　义实例　　　　　　　　　　　　　　　　　动定义实例

4. 自动联动公式的编辑方法

(1)联动公式的格式。

联动公式是用来定义系统中报警信息与被控设备间联动关系的逻辑表达式。当系统中的探测设备报警或被控设备的状态发生变化时,控制器可按照这些逻辑表达式自动地对被控设备执行"立即启动""延时启动"或"立即停动"操作。本系统联动公式由等号分成前后两部分,前面为条件,由用户编码、设备类型及关系运算符组成;后面为被联动的设备,由用户编码、设备类型及延时启动时间组成。

例 1:01001103 + 02001103 = 01001213 00 01001319 10

表示:当 010011 号光电感烟探测器或 020011 号光电感烟探测器报警时,010012 号讯响器立即启动,010013 号排烟机延时 10 s 启动。

例 2:01001103 + 02001103 =×01205521 00

表示:当 010011 号光电感烟探测器或 020011 号光电感烟探测器报警时,012055 号新风机立即停动。

注意:

①联动公式中的等号有 4 种表达方式,分别为"="" = ="" =×"" = =×"。联动条件满足时,表达式为"=""=×"时,被联动的设备只有在"全部自动"的状态下才可进行联动操作;表达式为" = ="" = =×"时,被联动的设备在"部分自动"及"全部自动"状态下均可进行联动操作。" =×"" = =×"代表停动操作,"=""= ="代表启动操作。等号前后的设备都要求由用户编码和设备类型构成,类型不能缺省。关系符号有"与""或"两种,其中"+"代表"或","×"代表"与"。等号后面的联动设备的延时时间为 0~99 s,不可缺省,若无延时需输入"00"来表示,联动停动操作的延时时间无效,默认为 00。

②联动公式中允许有通配符,用" * "表示,可代替 0~9 之间的任何数字。通配符既可出现在公式的条件部分,也可出现在联动部分。通配符的运用可合理简化联动公式。当其出现在条件部分时,这样一系列设备之间隐含"或"关系,例如 0 * 001315 即代表 01001315 + 02001315 + 03001315 + 04001315 + 05001315 + 06001315 + 07001315 + 08001315 + 09001315 + 00001315;而在联动部分,则表示有这样一组设备。在输入设备类型时也可以使用通配符。

③编辑联动公式时,要求联动部分的设备类型及延时启动时间之间(包括某一联动设备的设备类型与其延时启动时间,及某一联动设备的延时启动时间与另一联动设备的设备类型之间)必须存在空格;在联动公式的尾部允许存在空格;除此之外的位置不允许有空格存在。

(2)联动公式的编辑。

选择系统设置菜单(图 6.19)的第五项,则进入"联动编程操作"界面,如图 6.33 所示。此时可通过键入"1""2"或"3"来选择欲编辑的联动公式的类型。

(3)联动公式的输入方法。

界面联动公式的输入方法如图 6.34 所示。

在联动公式编辑界面,反白显示的为当前输入位置,当输入完 1 个设备的用户编码与设备类型后,光标处于逻辑关系位置(图 6.34),可以按 1 键输入+号,按 2 键输入×号,按 3 键进入条件选择界面,按屏幕提示可以按键选择"=""= ="" =×"" = =×";公式编辑过程中在需要输入逻辑关系的位置,只有按标有逻辑关系的 1、2、3 按键可有效输入逻辑关系;公式中需要空格的位置,按任意数字键均可插入空格。

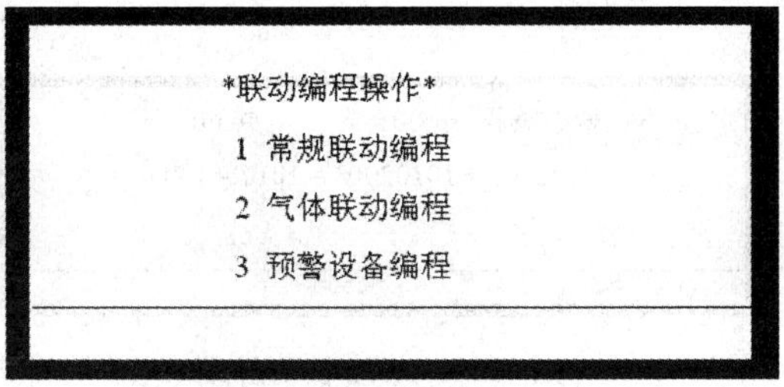

```
         *联动编程操作*
        1  常规联动编程
        2  气体联动编程
        3  预警设备编程
```

图6.33 "联动编辑操作"界面

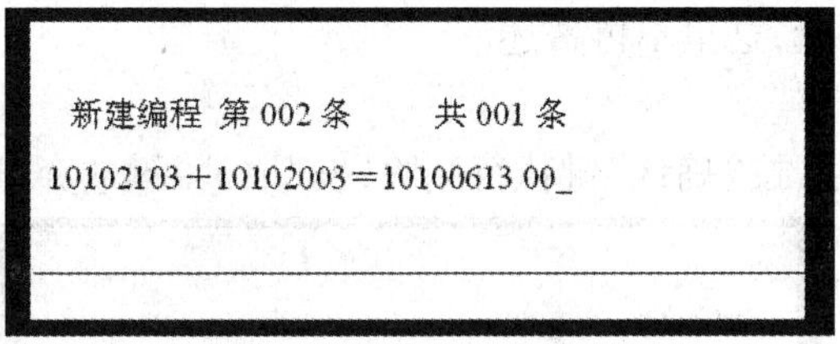

```
   新建编程 第002条    共001条
  10102103＋10102003＝10100613 00_
```

图6.34 "联动公式编辑"界面

在编辑联动公式的过程中,可利用"◁""▷"键改变当前的输入位置,如果下一位置为空,则回到首行。

(4)常规联动编程。

选择图6.33的第一项,则进入"常规联动编程操作"界面,如图6.35所示,通过选择1、2、3可对联动公式进行新建、修改及删除。

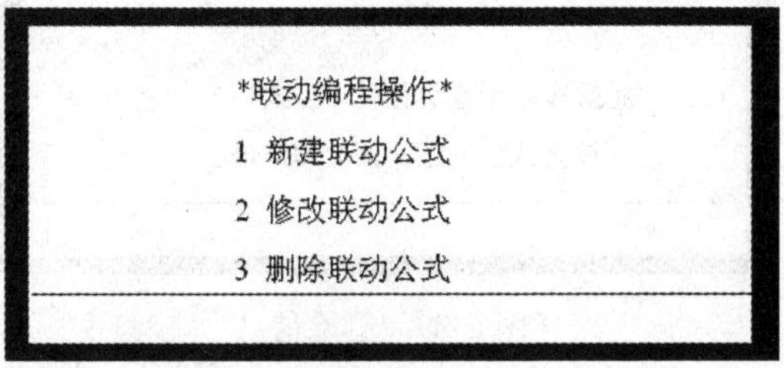

```
         *联动编程操作*
        1  新建联动公式
        2  修改联动公式
        3  删除联动公式
```

图6.35 "常规联动编程操作"界面

①新建联动公式。

系统自动分配公式序号(图6.36),输入欲定义的联动公式并按"确认"键,则将联动公式存储,按"取消"键退出。本系统设有联动公式语法检查功能,如果输入的联动公式正确,按"确认"键后,此条联动公式将存于存储区末端,此时屏幕显示与图6.34相同的画面,只是显示的公式序号自动加1;如果输入的联动公式存在语法错误,按"确认"键后,液晶屏将提示操作失败,等待重新编辑,且光标指向第一个有错误的位置。

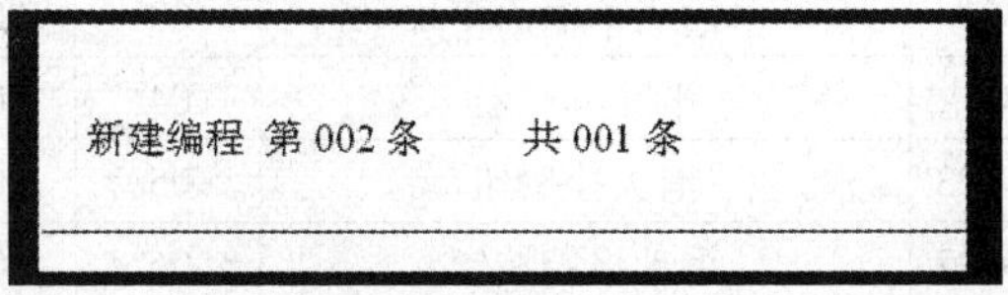

```
   新建编程 第002条    共001条
```

图6.36 新建联动公式

②修改联动公式。

输入要修改的公式序号,确认后控制器将此序号的联动公式调出显示,等待编辑修改,如

图 6.37 所示。

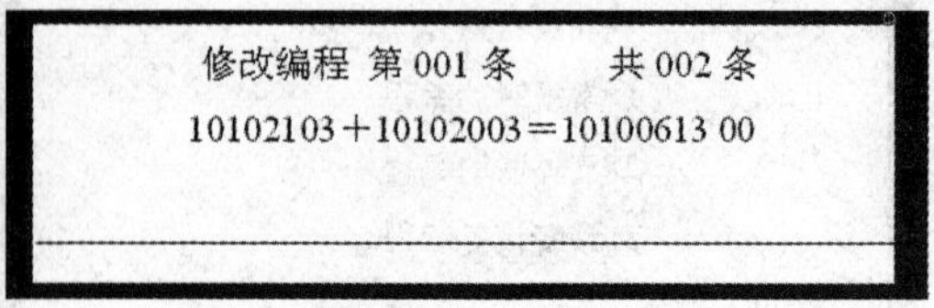

图 6.37 修改联动公式

与新建联动公式相同,在更改联动公式时也可利用"◁""▷"键使光标指向欲修改的字符,然后再进行相应的编辑,这里不再赘述。

③删除联动公式。

输入要删除的公式号,按"确认"键执行删除,按"取消"键放弃删除(图 6.38)。

图 6.38 删除联动公式

注意:当输入的联动公式序号为"255"时,将删除系统内所有的联动公式,同时屏幕提示确认删除信息(图 6.39),连按三次"确认"键删除,按"取消"键退出。

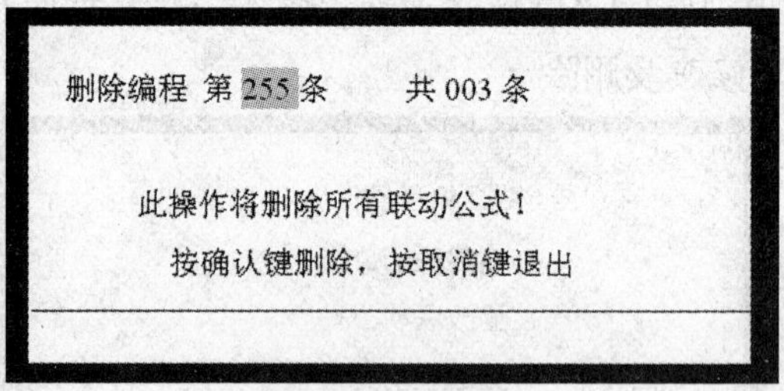

图 6.39 删除信息

5. 编程设置

学会设备的使用后即可对本系统进行编程设置。

先参照第 4.2.3 小节将总线设备按表 6.5 进行设备定义。

表 6.5 设备定义

序号	设备型号	设备名称	编码	二次码	设备定义
1	GST-LD-8301	单输入单输出模块	01	000001	16(消防泵)
2	GST-LD-8301	单输入单输出模块	02	000002	19(排烟机)
3	GST-LD-8301	单输入单输出模块	03	000003	27(卷帘门下)
4	HX-100B	讯 响 器	04	000004	13(讯响器)
5	J-SAM-GST9123	消火栓按钮	05	000005	15(消火栓)
6	J-SAM-GST9122	手动报警按钮	06	000006	11(手动按钮)
7	JTW-ZCD-G3N	智能点型感温探测器	7	000007	02(点型感温)
8	JTY-GD-G3	智能光电感烟探测器	8	000008	03(点型感烟)
9	JTW-ZCD-G3N	智能点型感温探测器	9	000009	02(点型感温)

续表6.5

序号	设备型号	设备名称	编码	二次码	设备定义
10	JTY-GD-G3	智能光电感烟探测器	10	000010	03(点型感烟)
11	JTW-ZCD-G3N	智能点型感温探测器	11	000011	02(点型感温)
12	JTY-GD-G3	智能光电感烟探测器	12	000012	03(点型感烟)

定义完毕,即可进行编程设置。参照第4.2.4小节作如下设置:

(1) ＊＊＊＊＊＊02+＊＊＊＊＊＊03+＊＊＊＊＊＊11+＊＊＊＊＊＊15=＊＊＊＊＊＊13 00

(2) ＊＊＊＊＊＊03=＊＊＊＊＊＊19 00 ＊＊＊＊＊＊16 05 ＊＊＊＊＊＊27 10

(3) ＊＊＊＊＊＊02+＊＊＊＊＊＊15=＊＊＊＊＊＊16 00 ＊＊＊＊＊＊27 00

(4) ＊＊＊＊＊＊03×＊＊＊＊＊＊11=＊＊＊＊＊＊16 00

6.5 消防报警联动子系统实现的功能

按上述操作设置完毕,即可实现如下功能:

(1)任何消防探测器动作或消防报警按钮(手动报警按钮、消火栓按钮)按下,立即启动声光报警器。

(2)感烟探测器动作,立即启动排烟机,延时5 s启动消防泵,延时10 s降下防火卷帘门。

(3)感温探测器动作或者消火栓按钮按下,立即启动消防泵,降下防火卷帘门。

(4)感烟探测器动作,并且手动按钮按下,立即启动消防泵。

6.6 实训内容

(1)按照表6.6的要求,对消防模块进行编码设置。

表6.6 消防报警联动子系统实训练习要求

序号	设备型号	设备名称	编码	二次码	设备定义
1	GST-LD-8301	单输入单输出模块	11	020001	16(消防泵)
2	GST-LD-8301	单输入单输出模块	12	020002	19(排烟机)
3	GST-LD-8301	单输入单输出模块	13	020003	27(卷帘门下)
4	J-SAM-GST9123	消火栓按钮	14	020004	15(消火栓)
5	HX-100B	讯响器	15	020005	13(讯响器)
6	J-SAM-GST9122	手动报警按钮	16	020006	11(手动按钮)
7	JTW-ZCD-G3N	智能点型感温探测器	17	020007	02(点型感温)
8	JTY-GD-G3	智能光电感烟探测器	18	020008	03(点型感烟)
9	JTW-ZCD-G3N	智能点型感温探测器	19	020009	02(点型感温)
10	JTY-GD-G3	智能光电感烟探测器	20	020010	03(点型感烟)
11	JTW-ZCD-G3N	智能点型感温探测器	21	020011	02(点型感温)
12	JTY-GD-G3	智能光电感烟探测器	12	020012	03(点型感烟)

（2）按下手动盘按键1~4，能够分别启动讯响器、排烟机、消防泵、卷帘门。

（3）触发"智能大楼"一层感温探测器，则立即启动卷帘门。

（4）触发任意感温探测器，或者按下消火栓按钮，联动启动消防泵。

（5）触发"智能大楼"二层的感烟探测器，延时10 s启动卷帘门；在延时时间内若按下手动报警按钮，则立即启动卷帘门。

（6）触发"智能大楼"二层的感烟探测器延时5 s启动排烟机。

（7）触发任意探测器或者按下手动报警按钮，联动启动讯响器。

第**7**章

DDC 监控及照明控制子系统

7.1 概　　述

DDC 监控及照明控制系统由 DDC 控制器、lonworks 接口卡、上位监控系统(力控组态软件)、照明控制箱和照明灯具组成。本系统主要用来完成对 DDC 编程、软件组态应用、Lon-Works 网络应用和照明系统控制等技能的考核、实训。

7.2 控制要求

通过正确的系统安装、接线和调试,该系统能够实现如下的功能:

(1)连接 DDC 和照明控制电路。

(2)使用 DDC 控制器的强制输出按钮能够控制两组照明系统的开关。

(3)将两组照明系统的开关状态和开关型照度传感器接入 DDC 控制器,配置输入通道类型与输入信号一致,并采集 3 路信号状态。

(4)编写 DDC 控制程序,实现照明系统的定时开关控制。

使用节能控制模块 HW‐BA5210 中的任务列表定时控制一盏灯的亮灭,灯的开关使用 HW‐BA5208 模块的输出通道三(DO3)控制。

灯开关控制时间见表 7.1。

表 7.1　灯开关控制时间表

设备组号	时间列表
1	周一到周五日程:①6:00 开 ②11:50 关 ③13:00 开 ④17:00 关
	周六、周日日程:⑤9:00 开 ⑥16:00 关

(5)上位机监控系统(力控组态软件)能够通过强制和时间表两种方式控制灯的开关。

7.3　DDC 监控及照明控制子系统接线和操作说明

7.3.1　HW‐BA5208 DDC 控制模块

HW‐BA5208 DDC 是智能楼宇控制系统的一种模块,它采用 LonWorks 现场总线技术与外界进行通信,具有网络布线简单、易于维护等特点。它可完成对楼控系统及各种工业现场标准开关量信号的采集,并且对各种开关量设备进行控制。该模块具有5路干触点输入端口,DI口配置可以自由选择。具有5路干触点输出端口,可提供无源常开和常闭触点,并对其进行不同方式的处理。控制器内部集成多种软件功能模块,通过相应的Plug_in,可对其方便地进行配置。经过配置,可使控制器内部各软件功能模块任意组合,相互作用,从而实现各种逻辑运算与算术运算功能。

1. 结构特征

HW-BA5208DDC控制模块主要由CONTROL MODULE板、模块板和外壳等组成,其外观示意图及左视图如图7.1所示。

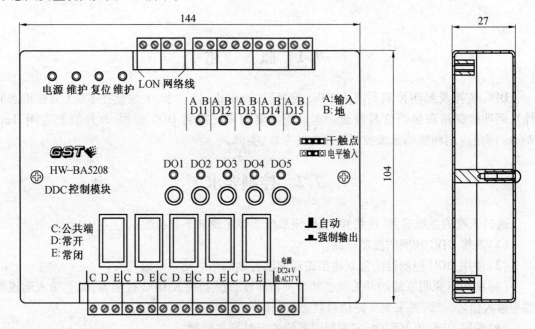

图7.1 外观示意图及左视图

说明:

①电源灯(红色):当接通电源后,应常亮。

②维护灯(黄色):在正常监控下不亮,只有当下载程序时闪亮。

③DI口指示灯(绿色,5个):当某输入口有高电平时,此口对应的指示灯点亮。

④DO口指示灯(绿色,5个):当某路继电器吸合时,此路对应的指示灯点亮。

⑤维护键:维护按键。

⑥复位键:复位按键。

DO1~DO5:自动/强制输出转换按键,按键按下时相应路为强制输出。

2. 技术特性

①工作电压:DC 24 V。

②工作电流:106 mA。

③网络:协议:LONTALK。

④通信介质:双绞线(推荐使用:Keystone LonWorks 16AWG(1.3 mm) Cable)Service 网络安装。

⑤I/O 数量:5 个 DI,5 个 DO。

⑥输入信号类型:有源开关量信号,无源开关量信号。

⑦输入保护:信号输入口具有防反接与过压保护功能。

⑧数字输出:5 路数字输出。

⑨250 V AC/5 A 继电器,具有手/自动转换开关。输出为常开或常闭选择。有 LED 指示灯。

⑩输出信号类型:DO 触点容量为 250 V AC/5 A,具有手/自动转换开关,输出为常开或常闭选择。

3. LonMaker 集成工具

LonMaker 集成工具(版本 3.1)是一个软件包,它可以用于设计、安装、操作和维护多厂商的、开放的、可互操作的 LonWorks 网络。LonMaker 集成工具以 Echelon 公司的 LNS 网络操作系统为基础,把强大的客户–服务器体系结构和很容易使用的 Microsoft VisioR 用户接口综合起来。这使得 LonMaker 成为一个完善的,并适用于设计和启动一个分布式的控制网络的工具。同时,它又相当经济,足以作为一个操作和维护工具。

新特性:

①为 LonWorks 网络提供图形设计、启动、操作和维护。

②包括对 i. LON 的支持,很容易和 Internet 以及其他 IP 网络集成。

③从现有网络恢复设计图从而节约维护成本。

④支持多用户操作,并能将多个独立的网络合并成一个单一的网络,以加速大型网络的安装。

⑤作为单一工具解决方法还提供用户操作界面组件。

⑥现在向集成商和维护人员提供两种版本的 LonMaker 集成工具,而且为在购买 LonMaker 之前进行前期使用评估提供一种简易的方法。

LonMaker 工具为 LonMark 节点、i. LON Internet 服务器和其他 LonWorks 节点提供全面的支持。这个工具充分利用了 LonMarker 特点的优越性,例如标准功能属性、配置属性、资源文档、网络变量别名、动态网络变量和可修改的类型等。LonMarker 功能模式在 LonMaker 图形中以图形功能块的形式显示,可以很方便地目视和编制控制系统的逻辑文档。

它还向用户提供用于设计控制系统的、大家较为熟悉的、类似于 CAD 的环境。Visio 灵巧的图形绘图功能为创建节点提供了直接的、简单的方法。LonMaker 工具包括许多 LonWorks 网络用的灵巧的图形,并且用户可以创建新的自定义图形。自定义图形可以像单个节点、功能块和连接线一样简单,也可以像带有嵌套子系统和预定义节点、功能块以及它们之间的连接的完整的系统一样复杂。当设计一个复杂的系统时,使用自定义子系统图形是节省时间的特性,只要从简单的从模板(Stencil)中拖动一个自定义子系统图形到绘图区,额外的子系统就能被创建。

由于安装人员能够在同一时间启动多个节点,这使得网络安装时间降到最少。节点能够通过使用服务管脚、扫描条形码、闪烁、手动输入或者自动恢复的方式被识别。网络恢复功能可以很容易地移植使用其他工具安装的网络或者数据库不能再使用的网络。网络合并功能允许大的系统一开始分成多个独立的系统被安装,最后合并成一个单一的、完整的系统。

用于浏览网络变量和配置属性的一个集成应用程序简化了节点的测试和配置。它的一个管理窗口可以提供测试、使能/禁止或者强制节点内部个别的功能块,以及对节点进行测试、闪烁和设置在线/离线状态。

使用一个集成的 LNS Text Box,LonMaker 工具能够用来为 LonWorks 网络创建简单的操作接口。这个 LNS Text Box 是一个 ActiveX 控件,它能够增加到任何 LonMaker 绘图页中。LNS Text Box 能够链接到网络中的任何网络变量、配置属性或者被强制的 LonMark 对象,并可用于监视或者设置被选择点。Visio 的嵌入式脚本语言 VBA 能够将 LNS Text Box 链接到例如 National Instruments ComponentWorkse™ 等第三方 ActiveX 控件,从而能够在 LonMaker 绘图区中建立图形操作接口。通过 LNS Text Box 的使用,LonMaker 工具能够作为许多网络单一工具的解决方案。

4. 安装与调试

(1)对外接线端子说明。

本模块的对外接线端子共分四类:DO 端子、DI 端子、电源端子和 LON 网络线端子。对外接线端子如图 7.1 所示,从左下角开始按逆时针方向编号依次说明见表 7.2。

表 7.2 对外接线端子说明

序号	端子名称	注释	序号	端子名称	注释
1	DO1C	公共端,脉冲/数字输入	17	DC 24 V	电源
2	DO1D	常开,脉冲/数字输入	18	DI5B	地
3	DO1E	常闭,脉冲/数字输入	19	DI5A	输入
4	DO2C	公共端,脉冲/数字输入	20	DI4B	地
5	DO2D	常开,脉冲/数字输入	21	DI4A	输入
6	DO2E	常闭,脉冲/数字输入	22	DI3B	地
7	DO3C	公共端,脉冲/数字输入	23	DI3A	输入
8	DO3D	常开,脉冲/数字输入	24	DI2B	地
9	DO3E	常闭	25	DI2A	输入
10	DO4C	公共端,脉冲/数字输入	26	DI1B	地
11	DO4D	常开,脉冲/数字输入	27	DI1A	输入
12	DO4E	常闭	28	NETA	LON 网双绞线端子
13	DO5C	公共端,脉冲/数字输入	29	NETB	LON 网双绞线端子
14	DO5D	常开,脉冲/数字输入	30	NETA	LON 网双绞线端子
15	DO5E	常闭	31	NETB	LON 网双绞线端子
16	DC24V+	电源			

(2)跳线说明。

DI 输入信号模式选择跳线说明:

无源干触点输入时,插针 X1 ~ X5 如图 7.2 所示跳线:

有源输入时,插针 X1 ~ X5 如图 7.3 所示跳线:

插针 X1 ~ X5 在线路板的位置如图 7.4 所示。

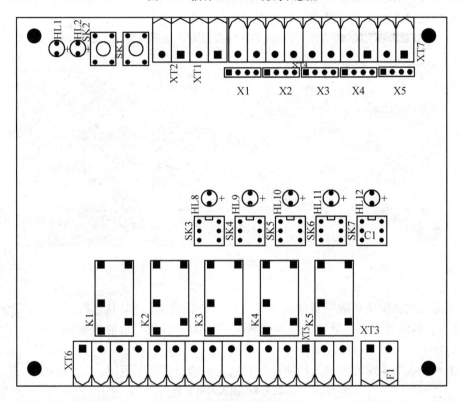

图 7.2　插针 X1 ~ X5 跳线示意图

图 7.3　插针 X1 ~ X5 跳线示意图

图 7.4　插针位置示意图

（3）调试。

DO 输出口有强制输出功能，它是专为调试使用的。当需要对某输出端口进行调试时，可以将该端口对应的强制输出按钮按下，此时，继电器吸合，可以对 DO 口进行调试。

5. 硬件故障分析与排除

硬件故障分析与排除见表 7.3。

表 7.3　硬件故障分析与排除

序号	故障现象	原因分析	排除方法
1	DO 口输出错误	1. DO 口的强制输出/自动输出的状态设置错误 2. 软件设置不正确	1. DO 口设置成正确的输出状态 2. 正确配置相关参数
2	DI 口输入错误	1. 跳线设置不正确 2. 软件设置不正确	1. 正确设置跳线 2. 正确配置相关参数

6. 通用控制程序基本功能介绍

HW-BA5208 通用控制程序包含 5 个数字输入接口和 5 个数字输出接口。启动 Plug-in

界面包含 3 个选项卡:设备接口、数字输入和数字输出,各选项卡的功能以及配置过程描述如下。

(1)设备接口。

设备接口页显示了 5208 模块输入口的网络变量名称以及输入值,输出口的输入来源和输出值。该页面可对输入来源和输出值进行设置及修改。当点击包含网络变量名的箭头时,进入相应网络接口的内容设计界面。其操作界面如图 7.5 所示。

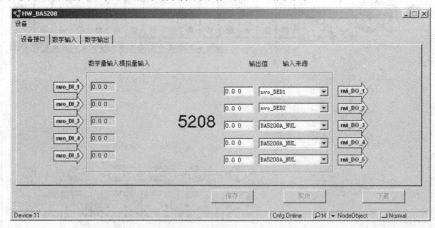

图 7.5 5208 设备接口的设计界面

(2)数字输入。

数字输入功能模块对数字量输入信号的状态进行读取,并对其进行处理,处理后的值通过数字量输出网络变量输出。如图 7.6 所示的界面对选中的数字输入接口进行配置。

图 7.6 和表 7.4 对数字输入功能模块的输入与输出进行了概述。

图 7.6 数字输入

表 7.4 输入网络变量

名　称	类　型	描　述
nvo_DI	SNVT_switch	数字量输出网络变量,其意义根据处理过程的不同而不同

该选项卡显示了数字输入功能模块的信息流程,它包括如图 7.7 所示的部分。采集到的原始数字量输入信号首先经过去抖、反向等处理,最后进入输出处理阶段。

通过 Plug-in 可以设置如下的配置属性:

①去抖时间:0~999 ms 范围内的数字输入信号去抖时间。数字输入信号必须在这一设定时间内保持常数,才能进行后续的处理。该值为 0 时,则不对输入信号进行去抖处理。

②反向处理:指定一个数字输入信号在被进一步处理之前是否需要进行反向处理。若不进行反向处理,则高电平的输入信号被解释为开状态;反之,若要进行反向处理,则低电平的输入信号被解释为开状态。

③过程处理:指定输入数字量信号经过什么样的处理才能转换成要输出的值,同时也指定该输出值应通过哪个输出网络变量发送出去。共有 5 种处理方法:直接输出、延时输出、触发输出、脉冲输出、单稳输出。对各种处理方法的详细描述参见输入信号处理一节。

④截流时间:该参数限制了输出网络变量产生更新允许的最小时间间隔。

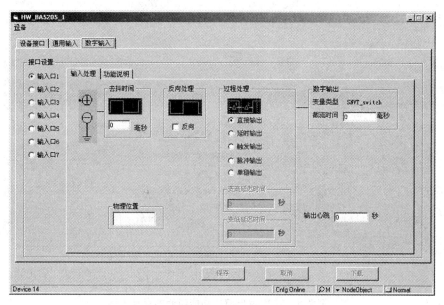

图 7.7　5205 数字输入的设计界面

⑤输出心跳:该参数限制了输出网络变量输出心跳的最大时间间隔。

以下部分对在数字输入选项卡中选定的处理方法作了较详细的描述:

①直接输出。

输入数字量信号在经过去抖、反向等处理后,直接通过数字量输出网络变量发送出去。

②延时输出。

当检测到输入信号变化时,需经过一定时间的延时,才使数字量输出网络变量发生更新。当输入信号由低变高时,需延迟的时间在变高延时时间域中指定;当输入信号由高变低时,需延迟的时间在变低延时时间域中指定。

③触发输出。

每当输入信号有由低到高的变化时,数字量输出网络变量的状态变化一次。例如,在与一个数字输入模块相关的输入口上接一个按钮,同时将该功能模块配置成触发模式,则每当按钮按下一次,数字量输出网络变量的状态就改变一次。

④脉冲输出。

每当检测到输入信号有由低到高的变化时,数字量输出网络变量将以一个正脉冲的形式输出。该脉冲在变高延时时间域中指定的延迟时间之后产生,在脉冲宽度域中指定。在脉冲输出期间若再次触发一个脉冲,则再次被触发的脉冲将被忽略。

⑤单稳输出。

每当检测到输入信号有由低到高的变化时,数字量输出网络变量将以一个正脉冲的形式输出。该脉冲在变高延时时间域中指定的延迟时间之后产生,在脉冲宽度域中指定。如果在脉冲输出之前的延迟时间内再次触发一个脉冲,则再次触发的脉冲将被忽略;如果在脉冲输出期间再次触发一个脉冲,则再次触发的脉冲延迟将被忽略,同时输出一个指定时间的脉冲。

功能说明页面描述了数字输入模块的设置流程以及设置步骤,如图 7.8 所示。

数字输入功能模块配置属性见表 7.5。

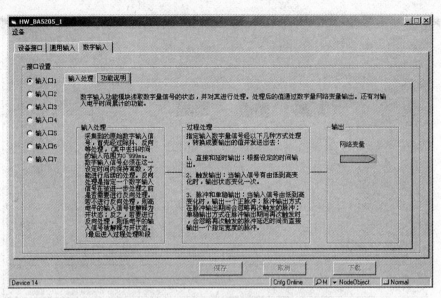

图 7.8　5205 输出模块功能说明的设计界面

表 7.5　数字输入功能模块的配置属性

名　称	意　义	应用对象	数据结构描述
SCPTlocation	功能模块所对应的硬件输入口所处的实际物理位置	功能模块	可输入最长 31 个字节的 ASCLL 字符
SCPTminSndT	输出网络变量的最小发送时间间隔	网络变量	unsigned long day(0 ~ 65 535) unsigned short hour(0 ~ 23) unsigned short minute(0 ~ 59) unsigned short second(0 ~ 59) unsigned long millisecond(0 ~ 999) 其中只有 millisecond 域有效,其显示格式为 0 0:0:0:0
SCPTmaxSndT	输出网络变量心跳输出时间间隔	网络变量	unsigned long day(0 ~ 65 535) unsigned short hour(0 ~ 23) unsigned short minute(0 ~ 59) unsigned short second(0 ~ 59) unsigned long millisecond(0 ~ 999) 其中只有 second 域有效,其显示格式为 0 0:0:0:0
UCPTdebounceT	输入开关量信号的去抖时间	功能模块	unsigned long day(0 ~ 65 535) unsigned short hour(0 ~ 23) unsigned short minute(0 ~ 59) unsigned short second(0 ~ 59) unsigned long millisecond(0 ~ 999) 其中只有 millisecond 域有效,其显示格式为 0 0:0:0:0

续表 7.5

名　称	意　义	应用对象	数据结构描述
UCPTdioType	该配置属性决定了开关量输出网络变量的输出方式	功能模块	枚举类型数据结构 DIRECT:直接输出 STRETCHED:延时输出 TOGGLE:触发输出 DELAYED_PULSE:脉冲输出 ONE_SHOT:单稳输出
UCPTinvertIn-put	将输入信号的电平取反后通过网络变量输出	功能模块	枚举类型数据结构 BOOL_FALSE:不取反 BOOL_TRUE:取反
UCPToffDelay	在延时输出模式下,该配置属性表示开关量输出网络变量由高电平变为低电平时的延时时间;在脉冲输出模式下,该配置属性表示开关量输出网络变量输出脉冲宽度	功能模块	unsigned long day(0～65 535) unsigned short hour(0～23) unsigned short minute(0～59) unsigned short second(0～59) unsigned long millisecond(0～999) 该配置属性的取值范围为 0～255 s 其显示格式为 0 0:0:0:0
UCPTonDelay	在延时输出模式下,该配置属性表示开关量输出网络变量由低电平变为高电平时的延时时间;在脉冲输出模式下,该配置属性表示开关量输出网络变量输出脉冲前的延迟时间	功能模块	unsigned long day(0～65 535) unsigned short hour(0～23) unsigned short minute(0～59) unsigned short second(0～59) unsigned long millisecond(0～999) 该配置属性的取值范围为 0～255 s。 其显示格式为 0 0:0:0:0

（3）数字输出。

数字输出功能模块根据其输入网络变量的值经过处理后对开关量接触器的状态进行控制。

下面以图7.9和表7.6对数字输出功能模块的输入以及输出进行概括。

图7.9　数字输出

表7.6　输出网络变量

缺省名称	缺省类型	描述
nvi_DO	SNVT_switch	用于驱动接触器的开关量输入网络变量。在启动 Plug_in 后,首先将其类型改为 SNVT_switch 类型

该选项卡显示了数字输出功能模块的工作流程信息,如图7.10所示。

①物理位置:指定与该数字输出功能模块对应的硬件执行器所处的实际物理位置描述。

②输入反向:指定开关量输入网络变量的值在进行进一步处理之前是否需要进行反向处理。

③输出反向:指定该功能模块的输出值在被发送到输出口之前是否需要被反向。

④过程处理:用于指定如何将输入网络变量去抖后的值转换成用于驱动执行器动作的值。

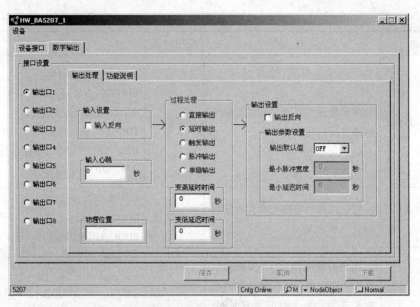

图 7.10 5207 数字输出设计界面

这一配置属性可以被设置为如下的几种选项之一：直接输出、延时输出、触发输出、脉冲输出或单稳输出。

　　a. 直接输出——输入值直接用于驱动硬件执行器。

　　b. 延时输出——当输入值有由低到高的变化时，必须经过变高延迟时间中指定时间的延迟才将该值发送到硬件输出口；反之，当输入值有由高到低的变化时，必须经过变低延迟时间中指定时间的延迟才将该值发送到硬件输出口。

　　c. 触发输出——当输入值有从低到高的变化时，硬件输出口的状态改变一次。

　　d. 脉冲输出——当输入值变为高时，硬件输出口将产生一个脉冲输出。该脉冲要经过在变高延迟时间域中指定的时间延迟后才能产生，脉冲宽度在脉冲宽度域中指定。在脉冲输出期间若再次触发一个脉冲，则再次触发的脉冲将被忽略。

　　e. 单稳输出——当输入值变为高时，硬件输出口将产生一个脉冲输出。该脉冲要经过在变高延迟时间域中指定的时间延迟后才能产生，脉冲宽度在脉冲宽度域中指定。如果在脉冲输出之前的延迟时间内再次触发一个脉冲，则再次触发的脉冲将被忽略；如果在脉冲输出期间再次触发一个脉冲，则再次触发的脉冲延迟将被忽略，同时输出一个指定时间的脉冲。

　　⑤变高延迟时间：该参数只用于延时输出、脉冲输出与单稳输出处理模式中，用于决定输出口状态在由低变高之前需要延迟的时间。该值的取值范围为 0～255 s。

　　⑥变低延迟时间：该参数只用于延时输出处理模式中。用于决定输出口状态在由高变低之前需要延迟的时间。该值的取值范围为 0～255 s。

　　⑦脉冲宽度：当选择脉冲输出或单稳输出处理模式时，原先显示变低延迟时间的地方将显示为变高延迟时间。该参数用于决定输出口输出脉冲的宽度。该值的取值范围为 0～255 s。

　　⑧输出默认值：缺省输出值。当功能模块检测到一个心跳失败时，相应的硬件输出口将输出该缺省值。

　　⑨最小脉冲宽度：当选择脉冲输出或单稳输出处理模式时，该参数用于指定最小脉冲宽度。该参数的取值范围为 0～255 s。

⑩最小延迟时间:当选择脉冲输出或单稳输出处理模式时,该参数用于指定脉冲输出前的最小延迟时间。该参数的取值范围为 0 ~ 255 秒。

⑪输入心跳:用于设置输入心跳监测时间,取值范围为 0 ~ 60 s。

功能说明页面描述了数字输出模块的设置流程以及设置步骤,如图 7.11 所示。

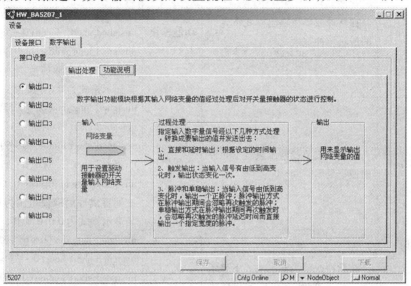

图 7.11　5207 数字输出功能说明的设计界面

数字输出功能模块的配置属性见表 7.7。

表 7.7　数字输出功能模块的配置属性

名　称	意　义	应用对象	数据结构描述
SCPTlocation	功能模块所对应的硬件输出口所处的实际物理位置	功能模块	可输入最长 31 个字节的 ASCLL 字符
UCPTdioType	该配置属性决定了该功能模块对应的 DO 口的输出方式	功能模块	枚举类型数据结构 DIRECT:直接输出 STRETCHED:延时输出 TOGGLE:触发输出 DELAYED_PULSE:脉冲输出 ONE_SHOT:单稳输出
UCPTinvertInput	该配置属性决定了是否要将输入网络变量 nvi_DO 的值反向后再进行处理	nvi_DO	枚举类型数据结构 BOOL_FALSE:不取反 BOOL_TRUE:取反
UCPTinvertOutput	该配置属性用以决定是否将 DO 口反向输出	功能模块	枚举类型数据结构 BOOL_FALSE:不取反 BOOL_TRUE:取反

续表 7.7

名 称	意 义	应用对象	数据结构描述
UCPTminOffT	在脉冲或单稳输出模式下允许的最小脉冲宽度	功能模块	unsigned long day(0~65 535) unsigned short hour(0~23) unsigned short minute(0~59) unsigned short second(0~59) unsigned long millisecond(0~999) 该配置属性的取值范围为 0~255 s。 其显示格式为 0 0:0:0:0
UCPTminOnT	在脉冲或单稳输出模式下允许的最小延迟时间	功能模块	unsigned long day(0~65 535) unsigned short hour(0~23) unsigned short minute(0~59) unsigned short second(0~59) unsigned long millisecond(0~999) 该配置属性的取值范围为 0~255 s。 其显示格式为 0 0:0:0:0
UCPToffDelay	在脉冲或单稳输出模式下表示输出脉冲宽度;在延时输出模式下表示输出口状态(反向处理前)由高变低前的延时时间	功能模块	unsigned long day(0~65 535) unsigned short hour(0~23) unsigned short minute(0~59) unsigned short second(0~59) unsigned long millisecond(0~999) 该配置属性的取值范围为 0~255 s。 其显示格式为 0 0:0:0:0
UCPTonDelay	在脉冲或单稳输出模式下表示脉冲输出前的延迟;在延时输出模式下表示输出口状态(反向处理前)由低变高前的延时时间	功能模块	unsigned long day(0~65 535) unsigned short hour(0~23) unsigned short minute(0~59) unsigned short second(0~59) unsigned long millisecond(0~999) 该配置属性的取值范围为 0~255 s。 其显示格式为 0 0:0:0:0
SCPTdefOutput	DO 口的缺省输出值	nvi_DO	其数据结构与 SNVT_switch 相同
SCPTmaxRcvT	该配置项指定了输入网络变量进行心跳监测的时间间隔	nvi_DO	unsigned long day(0~65 535) unsigned short hour(0~23) unsigned short minute(0~59) unsigned short second(0~59) unsigned long millisecond(0~999) 该配置项仅 second 域有效
UCPTins 520XX	该配置属性用以决定将 nvi_DO 网络变量的输入定位在同一节点内那个输出网络变量上	nvi_DO	为一枚举类型数据结构。其包含的成员随节点程序的不同而不同。该配置属性将在本文最后详细描述

7.3.2　HW-BA5210 DDC 控制模块

HW-BA5210 DDC 控制模块是智能楼宇控制系统的一种模块,它采用 LonWorks 现场总线技术与外界进行通信,具有网络布线简单、易于维护等特点。控制器内部有时钟芯片,从而可以通过该模块对整个系统的时间进行校准;控制器内部有串行 EEPROM 芯片,从而可对一些数据进行记录;控制器内部集成多种软件功能模块,通过相应的 Plug_in,可对其方便地进行配置;通过配置,可使控制器内部各软件功能模块任意组合,相互作用,从而实现各种逻辑运算与算术运算功能。

1. 结构特征与工作原理

HW-BA5210 DDC 控制模块主要由 CONTROL MODULE 板、模块板和外壳等组成,其外观示意图及左视图如图 7.12 所示。

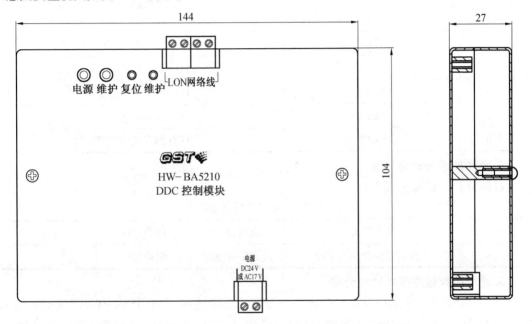

图 7.12　HW-BA5210 DDC 外观示意图及左视图

(1)说明:

①电源灯(红色):当接通电源后,应常亮。

②维护灯(黄色):在正常监控下不亮,只有当下载程序时闪亮。

③维护键:维护按键。

④复位键:复位按键。

(2)工作原理。

硬件部分主要由电源整流、电源变换、神经元模块、时钟芯片、串行 EEPROM、按键、指示等 7 部分组成。电源整流将无极性 24 V 直流电源或 17 V 交流电源转换为有极性直流 24 V 电源;电源变换电路将输入 24 V 电压变换为 5 V 输出电压,电压变换芯片采用 LM2575;神经元模块为 CPU;时钟芯片为 PCF8563;串行 EEPROM 芯片为 AT24C64。

2. 技术特性

①工作电压:DC 24 V。

②工作电流:25 mA。

③网络协议:LONTALK。

④通讯介质:双绞线(推荐使用:Keystone LonWorks 16AWG(1.3 mm) Cable)Service 网络安装。

3. 安装与调试

本模块的对外接线端子共分两类:电源端子和 LON 网络线端子。对外接线端子如图 7.1所示,从左下角开始按逆时针方向编号说明见表 7.8。

表 7.8 对外接线端子说明

序号	端子名称	注释
1	DC24 V+	电源
2	DC24 V−	电源
3	NETA	LON 网双绞线端子
4	NETB	LON 网双绞线端子
5	NETA	LON 网双绞线端子
6	NETB	LON 网双绞线端子

4. 硬件故障分析与排除

故障分析与排除见表 7.9。

表 7.9 故障分析与排除

序号	故障现象	原因分析	排除方法	备注
1	上传的时钟数据不正确	没有正确校时	正确校时	

5. 通用控制程序基本功能介绍

HW−BA5210 节能运行模块共包含 4 种类型的功能模块,即 1 个 RealTime(实时时钟)功能模块、1 个 EventScheduler(任务列表)功能模块、1 个 EnergySaving(节能)功能模块和 1 个 delayup(延迟启动)功能模块。

(1) RealTime 功能模块及其网络变量说明。

RealTime 功能模块提供当前日期、时间、星期,并提供日期、时间、星期的校准。

表 7.10 RealTime 功能模块网络变量说明

缺省名称	缺省类型	描 述
nvi_TimeSet	SNVT_time_stamp	输入网络变量,对系统日期和时间进行校准,校准内容包括年、月、日、时、分、秒
nvo_RealTime	SNVT_time−stamp	输出网络变量,输出当前系统日期和时间,包括年、月、日、时、分,该网络变量 1 min 刷新一次
nvi_WeekSet	SNVT_data_day	输入网络变量,对系统的星期进行校准
nvo_NowWeek	SNVT_data_day	输出网络变量,输出当日是星期几

（2）EventScheduler 功能模块及其网络变量说明。

EventScheduler 功能模块根据当前时间、星期及用户输入的周计划表对设备进行定时启停控制。EventScheduler 功能模块的网络变量说明见表 7.11。

表 7.11　EventScheduler 功能模块网络变量说明

缺省名称	缺省类型	描述
nvi_SchEvent	UNVT_sch	输入网络变量,用于任务列表内容的设置。该网络变量为自定义网络变量,其结构说明如下所述 typedef struct { unsigned short enable; unsigned short subenable; unsigned short action; unsigned short hour1; unsigned short minute1; unsigned short week1; unsigned short hour2; unsigned short minute2; unsigned short week2; unsigned short hour3; unsigned short minute3; unsigned short week3; unsigned short hour4; unsigned short minute4; unsigned short week4; unsigned short hour5; unsigned short minute5; unsigned short week5; unsigned short hour6; unsigned short minute6; unsigned short week6; unsigned short hour7; unsigned short minute7; unsigned short week7; unsigned short hour8; unsigned short minute8; unsigned short week8; } UNVT_sch;

缺省名称	缺省类型	描述
nvi_SchEvent	UNVT_sch	其中, enable:任务列表总使能,0—屏蔽,1—使能。 subenable:各时间点的动作使能,0 表示无效,1 表示有效 第 7 位:第 1 时间段有效性;第 6 位:第 2 时间段有效性 第 5 位:第 3 时间段有效性;第 4 位:第 4 时间段有效性 第 3 位:第 5 时间段有效性;第 2 位:第 6 时间段有效性 第 1 位:第 7 时间段有效性;第 0 位:第 8 时间段有效性 action:各时间点动作,0 表示停,1 表示启。各位意义如下所述: 第 7 位:第 1 时间段动作;第 6 位:第 2 时间段动作 第 5 位:第 3 时间段动作;第 4 位:第 4 时间段动作 第 3 位:第 5 时间段动作;第 2 位:第 6 时间段动作 第 1 位:第 7 时间段动作; 第 0 位:第 8 时间段动作 hours N:第 N 个时间点的小时数,取值为 0 ~ 23 minute N:第 N 个时间点的分钟数,取值为 0 ~ 59 week N:第 N 个时间段周的相关性,0 表示无效,1 表示有效 第 6 位:星期日的有效性; 第 5 位:星期一的有效性 第 4 位:星期二的有效性; 第 3 位:星期三的有效性 第 2 位:星期四的有效性; 第 1 位:星期五的有效性 第 0 位:星期六的有效性
nvo_SchEvent	UNVT_sch	输出网络变量,用于输出任务列表设置内容,其数据结构同上
nvo_Out	SNVT_switch	输出网络变量,用于输出任务动作

(3)EnergySaving 功能模块及其网络变量说明。

EnergySaving 功能模块根据室内外环境温度的变化动态调整空调系统的运行模式,从而达到节能的目的。EnergySaving 功能模块的网络变量说明见表 7.12。

表 7.12 EnergySaving 功能模块网络变量说明

缺省名称	缺省类型	描述
nviRunStop	SNVT_switch	输入网络变量,空调系统总的启停命令,与某一任务列表功能模块的设备启停输出网络变量绑定。value 域为 100,state 域为 1 表示启动空调系统;value 域为 0,state 域为 0 表示停止空调系统
nviCurrentTime	SNVT_time_stamp	输入网络变量,当前时间与实时时钟功能模块的当前时间输出网络变量绑定
nviOutdoorTemp	SNVT_temp_f	输入网络变量,室外温度需与实际测量室外温度的某一温度传感器的输出网络变量绑定
nviIndoorTemp	SNVT_temp_f	输入网络变量,室内温度与实际测量室内温度的某一温度传感器的输出网络变量绑定。在实际应用中,若在不同的楼层都分别设置室内温度测量点不太现实,可测量具有代表性的某一处室内温度作为此网络变量的输入,或者根本就不处理这个输入网络变量,这时程序内部默认为该网络变量等于室内温度设定值,模块也可以正常工作

续表 7.12

缺省名称	缺省类型	描述
nviTempSetpoint	SNVT_temp_f	输入网络变量,EEPROM 类型,室内温度设定值一般由上位机来设置,需要根据夏季、冬季分别赋不同的值,首次默认值为 24 ℃,主要用于室外温度与此设定温度进行比较,来决定空调系统工作在下面哪一个模式下:夏季夜间通风、过渡季、制冷、制热
nviHeatCool	SNVT_hvac_mode	输入网络变量,EEPROM 类型,冬、夏季选择,一般由上位机来设置,其中仅有 2 个值有实际意义:HVAC_HEAT 表示冬季,HVAC_COOL 表示夏季,首次默认值为 HVAC_HEAT
nviEnergyEnable	SNVT_switch	输入网络变量,EEPROM 类型,是否使能/节能模块,一般由上位机来设置,value 域为 100,state 域为 1 表示使能,则空调系统工作在节能自动运行状态下,由该模块控制空调系统的启停;value 域为 0,state 域为 0 表示不使能,这时该模块不会自动启停空调系统,可以通过上位机来控制设备的启停。首次默认值为使能状态
nvoHVACMode	SNVT_hvac_mode	输出网络变量,空调系统工作模式,绑定给各种空调机或新风机的工作模式输入网络变量,其中仅有下面 4 个值有实际意义: HVAC_HEAT:制热模式 HVAC_COOL:制冷模式 HVAC_NIGHT_PURGE:夏季夜间通风模式 HVAC_FAN_ONLY:过渡季控制模式 节能模块不使能时该网络变量的默认值为 HVAC_AUTO,这时空调机或新风机的工作模式要由上位机来设定
nvoRunAir	SNVT_switch	输出网络变量,启停空调机组或新风机组命令,一般绑定给设备延迟启动功能模块的启停输入网络变量,然后由延迟后的启停命令再去控制空调机组或新风机组的启停,当空调机组或新风机组数量较少时,也可以直接绑定给空调机组或新风机组的启停输入网络变量。其中 value 域为 100,state 域为 1 表示启动;value 域为 0,state 域为 0 表示停动
nvoRunFreeze	SNVT_switch	输出网络变量,启停冷冻机组命令,一般绑定冷冻泵控制功能模块。其中 value 域为 100,state 域为 1 表示启动;value 域为 0,state 域为 0 表示停动。冷冻泵、冷却泵、冷水机之间的启停顺序由冷冻泵控制功能模块来保证
nvoRunCooling	SNVT_switch	输出网络变量,启停冷却塔命令,一般绑定冷却塔控制功能模块。其中 value 域为 100,state 域为 1 表示启动;value 域为 0,state 域为 0 表示停动
nvoRunHeating	SNVT_switch	输出网络变量,启停换热器命令,一般绑定换热器控制功能模块。其中 value 域为 100,state 域为 1 表示启动;value 域为 0,state 域为 0 表示停动

（4）Delayup 功能模块及其网络变量说明。

Delayup 功能模块根据一个输入的启动信号输出 10 个顺序延迟的启动信号再去分别控制空调机组的启动,防止对电网的冲击。Delayup 功能模块的网络变量说明见表 7.13。

表 7.13 Delayup 功能模块网络变量说明

缺省名称	缺省类型	描述
nviSwitchIn	SNVT_switch	输入网络变量,设备启停控制信号,value 域为 100,state 域为 1 表示启动设备;value 域为 0,state 域为 0 表示停动设备,仅对启动信号进行延迟
nvoSwitchOut1 ~ nvoSwitchOut10	SNVT_switch	10 个输出网络变量,延迟后的设备启停控制信号,当检测到 nviSwitchIn 由停动变为启动时,从 nvoSwitchOut1 到 nvoSwitchOut10 每相邻的 2 个输出之间顺序延迟一定的时间,这个时间通过配置属性可以设置,设置范围是 1 ~ 6 553 s

6. HW-BA5210 节能运行模块及其 Plug_in 配置界面说明

（1）RealTime 功能模块。

RealTime 功能模块用来输出系统时间,并对系统时间进行校准。该功能模块无 Plug_in 配置程序,用户只需操作表 7.10 中说明的网络变量即可完成相应的功能。

（2）EventScheduler 功能模块。

EventScheduler 功能模块用来设置任务列表,从而对现场设备进行定时启停。EventScheduler 功能模块无相应的 Plug_in 配置程序,用户只需操作表 7.12 中说明的网络变量即可对任务列表进行设置。

①EventScheduler 功能模块使用说明。

任务列表功能模块用来完成对开关量设备的定时启停操作,具体功能与特点如下:

a. 设定一台设备在一天当中的 8 个时间点的启停时间表,启停时间表仅在一周当中指定的几天中有效。

b. 按照已经设定好的启停时间表,通过网络变量准时输出启停命令。

c. 可以使能或禁用已经设定好的启停时间表。

d. 设定好的启停时间表掉电不丢失,且上位机可随时读取已经设定好的时间表。

HW-BA5210 时钟模块中共集成 5 个任务列表功能模块。每个功能模块均包含一个用于控制设备启停的输出网络变量,将该输出网络变量绑定到与被控设备对应的输入网络变量上,即可实现对被控设备的定时启停操作。由于每个任务列表功能模块可提供 8 个启停时间点,所以当一台或多台被控设备需要超过 8 个启停时间点时,就需要由多个任务列表功能模块来配合使用。当一个系统中有多台设备需要进行定时启停控制时,应该按如下步骤进行操作:

（a）将系统中一直具有相同启停任务表的设备归为一组;

（b）为每组设备分配一个或多个任务列表模块;

（c）将任务列表模块的启停输出网络变量绑定到与其对应的一组设备的输入网络变量上。

②EventScheduler 功能模块应用举例。

假设有一组设备,该组内的设备具有相同的启停时间任务表,其中设备共有 6 个启停时间点。可见各用一个任务列表功能模块就可以实现,然后将任务列表功能模块的启停命令输出网络变量绑定到与其对应设备的相应输入网络变量上。

操作说明：

a. 确定该组设备的定时启停时间见表 7.14。

表 7.14　设备启停时间控制表

设备组号	时间列表
1	周一到周五日程：①6:00 开 ②11:50 关 ③13:00 开 ④17:00 关 周六、周日日程：⑤9:00 开 ⑥16:00 关

b. 根据该组设备的定时启停时间表，可对任务列表模块配置见表 7.15。

表 7.15　任务列表功能模块

使能	时间点	动作	星期设置						
√	6:00	开	日	一	二	三	四	五	六
			×	√	√	√	√	√	×
√	11:50	关	日	一	二	三	四	五	六
			×	√	√	√	√	√	×
√	13:00	开	日	一	二	三	四	五	六
			×	√	√	√	√	√	×
√	17:00	关	日	一	二	三	四	五	六
			×	√	√	√	√	√	×
√	9:00	开	日	一	二	三	四	五	六
			√	×	×	×	×	×	√
√	16:00	关	日	一	二	三	四	五	六
			√	×	×	×	×	×	√
×	无关	无关	无关						
×	无关	无关	无关						

表 7.15 对应的网络变量数据为：0x01,0xfc,0xa8,0x06,0x00,0x3e,0x0b,0x32,0x3e,0x0d,0x00,0x3e,0x11,0x00,0x3e,0x09,0x00,0x41,0x10,0x00,0x41,0x00,0x00,0x00,0x00,0x00,0x00。

注意：

（a）不支持同一天内两个时间点相同，但动作相反的任务，因为启动和停止动设定在一个时间点上，可能引起设备的反复启停。由上位机完成时间点重合时动作是否一致的判定，若不一致，给用户提示重新设定。

（b）当一个动作需要跨越两天时，不需分段处理。例如某一类设备的启动时间是：周一 20:00 启动，到周二的 8:00 停止。应该设定为：第一点，周一 20:00 启动；第二点，周二 8:00 停动。

（3）EnergySaving 功能模块。

该功能模块根据室内外环境温度的比较来决定空调系统的运行模式，从而达到节能的目的。主要包括如下几个功能：

①夏季夜间通风功能：夏季的凌晨，室外空气质量较好。在凌晨 4:00～7:00 之间，一旦监测到室外温度低于室内温度，则启动空调机组(冷水机组停动)，并将新风阀门开到最大，在一定时间内来置换室内空气，这个通风时间可通过配置信息来设置(见下面 Plug_in 使用说明)，可设置范围是 1～6 553 s，首次默认值是 3 600 s。该功能有一个是否使能选择控制，首次默认值是使能，若不想要该功能起作用，可通过配置信息将该功能不使能(见下面 Plug_in 使用说明)。

②过渡季功能：此处的过渡季不是特指的春、秋季节，而是泛指在夏季时室外温度低于室内温度、在冬季时室外温度高于室内温度，从而可以不启动冷热源，仅靠室内外空气的置换即可满足室内环境温湿度的要求，节省能源。该模块监测室外温度、室内温度和室内设定温度，在夏季一旦发现室外温度低于室内温度或室内设定温度，则进入过渡季工作模式(仅启动空调机组，停动冷冻机组和冷却塔)，为防止工作模式反复变换，只有当室外温度减去室内温度大于一定值，且室外温度减去室内设定温度大于一定值时(该值可通过配置属性设置，见下面 Plug_in 使用说明)，才能从过渡季模式进入制冷模式；在冬季一旦发现室外温度高于室内温度或室内设定温度，则进入过渡季工作模式(仅启动空调机组，停动热交换器)，为防止工作模式反复变换，只有当室内温度减去室外温度大于一定值、且室内温度设定值减去室外温度大于一定值时(该值可通过配置属性设置，见下面 Plug_in 使用说明)，才能从过渡季模式进入制热模式。

③该功能模块有一个使能选择控制(通过一个网络变量设置)，当使能时，设备工作在节能自动运行状态下，会自动根据室内外温度控制空调机组、冷冻机组、冷却塔等设备的启停；当不使能时，仅有空调机组的起停输出网络变量(nvoNewAir)在跟踪总的启停输入网络变量(nvoRunStop)的变换，其他设备的启停(如冷冻机组、冷却塔、换热器)可以通过上位机来控制。首次默认值是使能状态。

a. 用例说明：

假设工作在夏季，室内温度设定值为 25 ℃(无室内温度监测点)，室内外温度比较死区为 2 ℃，夏季夜间通风时间为 120 s。

b. 操作说明：

(a)首先通过 Plug_in 配置界面将室内外温度比较死区、夏季夜间通风时间设置下去(见下面 Plug_in 使用说明)；

(b)通过网络变量 nviHeatCool 设置当前季节为 HVAC_COOL；

(c)通过网络变量 nviTempSetPoint 设置室内温度设定值为 25 ℃；

(d)通过网络变量 nviOutdoorTemp 设置室外温度为 24 ℃。

(e)将空调系统总的启停输入网络变量 nviRunStop 设置为停动状态；

(f)通过网络变量 nviCurrentTime 将当前时间设置为 3:59:00；

(g)1 min 后会观察到空调系统工作模式输出网络变量 nvoHVACMode 变为夜间通风模式 HVAC_NIGHT_PURGE，空调机组启停输出网络变量 nvoRunAir 变为启动状态，2 min 后 nvoRunAir 又变为停动状态；

(h)将空调系统总的启停输入网络变量 nviRunStop 设置启动状态；

(i)观察空调系统工作模式输出网络变量 nvoHVACMode 将会变为过渡季模式 HVAC_

FAN_ONLY,nvoRunAir 变为启动状态;

(j)改变室外温度输入网络变量 nviOutdoorTemp 为 25 ℃、26 ℃、27 ℃时,工作模式输出网络变量 nvoHVACMode 将不改变,当变为 27.5 ℃时,nvoHVACMode 将变为制冷模式 HVAC_COOL,同时冷冻机组启停输出网络变量 nvoRunFreeze 和冷却塔启停输出网络变量 nvoRunCooling 也都变为启动状态。

(4)Delayup 功能模块。

Delayup 功能模块根据一个输入的启动信号输出 10 个相邻之间顺序延迟一定时间的启动信号,由这些延迟后的启动信号再去分别控制不同楼层的空调机组的启动,防止空调机组同一时间启动对电网的冲击,甚至导致启动不起来,延迟时间可通过配置属性进行设置(见下面 Plug_in 使用说明),设置范围为 1 ~ 6 553 s。

①用例说明。

用一个空调机组启停命令去控制 20 台空调机组的启停。

②操作说明:

a.将空调机组启停命令与该模块的输入网络变量 nviSwitchIn 绑定;

b.将每个延迟后的输出网络变量绑定给 2 台空调机组;

c.通过 Plug_in 将延迟时间间隔配置为 5 s;

d.触发启动信号,观察输出网络变量 nvoSwitchOut1 到 nvoSwitchOut10 是否是每 5 s 顺序输出;

e.若空调机组更多,10 个输出不够,可考虑 Delayup 延迟功能模块级联。

(5)软件功能模块之间绑定说明。

4 个功能模块之间的绑定关系是:将实时时钟功能模块 RealTime 的当前时间输出网络变量 nvo_RealTime 绑定给节能功能模块 energySaving 的当前时间输入网络变量 nviCurrentTime;将某个任务列表功能模块 EventScheduler 的任务动作输出网络变量绑定给节能功能模块 EnergySaving 的空调系统总的启停控制输入网络变量 nviRunStop,其他 4 个任务列表功能模块预留给照明系统定时开关使用;将节能功能模块 EnergySaving 的空调机或新风机启停控制输出网络变量绑定给延迟启动功能模块 delayUp 的启停输入网络变量 nviSwitchIn。

7.4 　 DDC 监控及照明控制子系统的实现

本节将介绍 DDC 智能照明系统在 PC 端的配置与实现。实现的过程主要分为 2 个步骤,一是使用 LonMaker 软件配置 DDC,二是使用力控 6.1 配置组态界面,方便操作人员操作。

注意:下面操作的前提是系统已经成功安装 LonMaker 及力控 6.1 版,关于这 2 款软件的安装过程请参考相关资料。

7.4.1 　 DDC 在线检测

在对 DDC 进行下一步配置之前,先检测 DDC 是否在线。完成这一步的目的在于先保证 DDC 与计算机能正常通信,为下面的步骤定下基础。

(1)打开计算机操作系统(Windows XP SP3),进入"控制面板",找到"LonWorks Ineterfaces"图标,如图 7.13 所示,双击打开。

图 7.13 "控制面板"界面

（2）进入"LonWorks Ineterfaces"程序后，单击"USB"标签，选择已经准备好的 LON 总线编号，如图7.14 所示，在本例里，准备好的总线是 LON3，这个信息请记下来，对后面的操作有用。然后单击右边的"Test"按钮，进入测试界面。

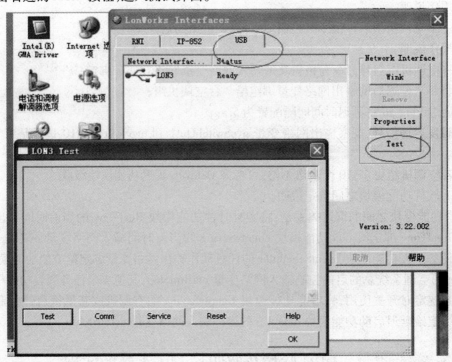

图 7.14 进入"LDN3 Test"标签

（3）在弹出的测试对话框中，单击"Test"按钮，然后单击"Comm"按钮，程序将等待用户对 DDC 操作，用户可用笔尖或小型的螺丝刀，在 DDC 处找到"维护"按钮（凹进去的），用工具轻按。如设备连接成功，将出现如图 7.15 所示的字样，显示 DDC 的物理地址及"Ping Pass"字样。

可用同样的方法测试 5208 和 5210 是否正常与 LON 总线通信。通过此方法可以验证 DDC 能否与总线正常通信。

7.4.2 在 LonMaker 上配置 DDC

在 LonMaker 上配置 DDC 将以一个实例做说明：实训设备有 1 组走廊灯和 1 组室内灯，建立一个 LonMaker 工程和一个力控工程，可以实现 2 组灯的手动/自动控制。在手动控制下，转

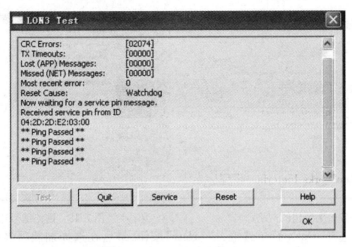

图 7.15　LON 总线通信验证

换力控软件的开关,可以分别控制 2 组灯的亮灭;在自动模式下,2 组灯按照表 7.15 实现自动亮灭。下面分别介绍改实例在 LonMaker 和力控软件上的实现过程。

(1)双击打开"LonMaker for Windows"图标,进入程序,将看到如图 7.16 所示界面,Lon-Maker 是以网络工程为操作单位的,"New Network""Open Network""Delete"分别对应新建、打开、删除等操作。单击"New Network"按钮,新建一个网络。

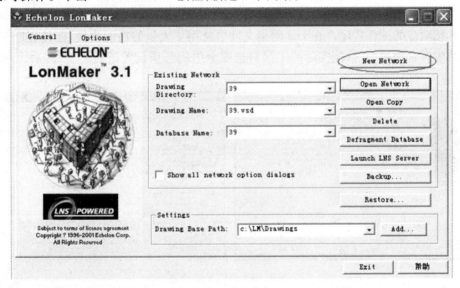

图 7.16　"Echelon LonMaker"界面

(2)为新建的网络命名,然后按"Next"按钮,如图 7.17 所示。

(3)网络编号选择,这里选择的网络编号必须与测试阶段有效的网络编号一致,不然设备就不能正常通信了,如图 7.18 所示。

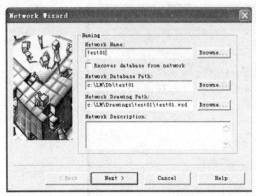

图 7.17　为新建的网络命名　　　　　　　图 7.18　网络编号选择

（4）第 4 步选择"On Net"单选框，按"Next"按钮，最后在选择加载项界面上，点"Finish"按钮，如图 7.19 所示。这时候等待 1～2 min，LonMaker 在这个时间内会加载一些 Plug_in 资源，如图 7.19 所示。新建好的工程如图 7.20 所示，成功建立一个 Visio 工程，且在工程的下方有一个"LNS Network Interface"的矩形框，如果系统通讯正常的话，会是绿色的矩形，如果通信错误的话，矩形的内部会有红色斜纹。

这里解释一下什么是 Plug_in，Plug_in 中文译意为插件程序，插件程序对于互联网用户并不陌生，我们将网上的插件程序下载到本机，运行安装从而使 IE 浏览器具备了一些附加的扩展功能，如广告拦截、搜索文字加亮等。对于 DDC 模块而言，每个功能模块（Functional Block）都有与其相对应的插件程序。在 Lon 网络文件中使用了大量的功能模块，插件程序提供了一个方便的配置选项界面，依据实际的工况对选项卡中的选项设置进行配置，然后下载到 DDC模块中。

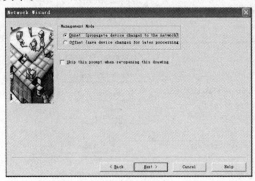
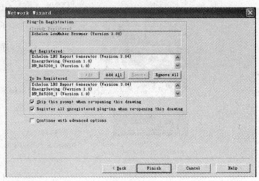

图 7.19　网络参数设置

（5）从 LonMaker 的左边栏上找到"Device"图块，单击并拖动到工程空白处，将新建一个设备，出现如图 7.21 所示的对话框。首先建立 5208 这个设备，在"Device Name"栏输入设备名称，这里写入 5208，然后在"Commision Device"复选框上打钩，单击"Next"。

（6）进入如图 7.22 所示的菜单，选择"Load XIF"单选框，单击"Browse..."，进入 LonMaker 安装目录，在"Import"文件夹里，打开"HW-BA5208-1V001.XIF"文件，然后单击"Next"。

（7）进入如图 7.23 所示的菜单，选择"Auto-Detect"单选框，单击"Next"，在下一菜单中再单击"Next"。

（8）进入如图 7.24 所示的菜单，选择"Service Pin"单选框，单击"Next"。

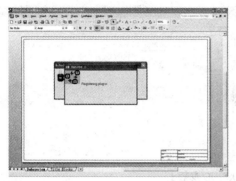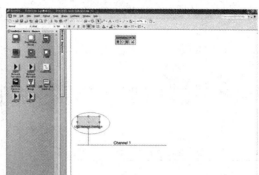

图 7.20　新建好的工程

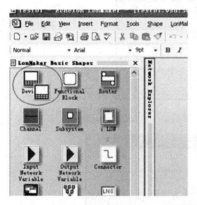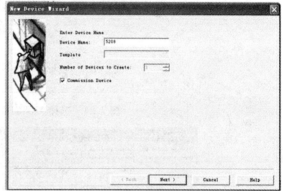

图 7.21　新建设备对话框

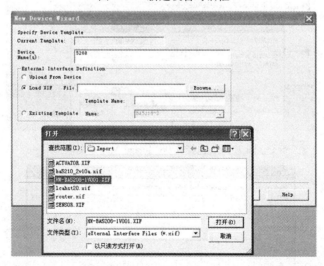

图 7.22　选择 5208DDC 配置文件

（9）进入如图 7.25 所示的菜单，在"Image Name"栏上点击"Browse..."，选择"HW-5208-1V001"，打开；在"XIF Name"栏上点击"Browse..."，找到有 5208 字样的文件，打开，单击"Next"。

（10）进入如图 7.26 所示的菜单，选择"Online"和"Default values"单选框，单击"Finish"。

（11）这时，会出现如图 7.27 所示的对话框，提示用户按下 5208 上的"维护"按键。用相

图 7.23　选择 5208DDC 参数 1

图 7.24　选择 5208DDC 参数 2

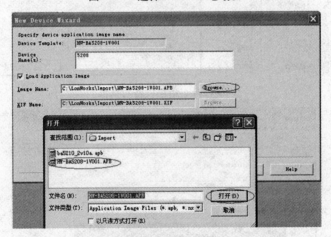

图 7.25　选择 5208"Image Name"文件

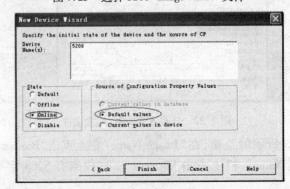

图 7.26　结束操作

应的工具点击"维护"键后,此对话框会消失,进入 5208 的建立过程。

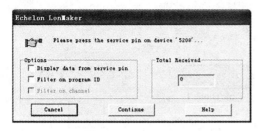
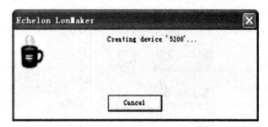

图 7.27　提示"维护"操作

等待约 2 min,5208 建立成功,在 Visio 里出现如图 7.28 所示的图块,如 5208 与 Lon 总线正常通信,它是一个绿色的实心矩形。

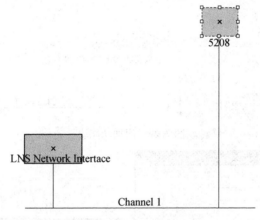

图 7.28　5208 建立成功

(12)在左边形状栏里把"Funtion Block"模块拖动至 Visio 工程中,添加一个功能块。所谓功能块,是属于 DDC 模块的,成功建立 DDC 后,就可以建立属于该 DDC 的功能模块,具体地配置 DDC 的功能,单击"Next",如图 7.29 所示。

(13)这时会出现"New Functional Block Wizard"对话框,在 Device 栏里的 Name 下拉框选择设备:5208,在 Functional Block 栏里的 Name 下拉框选择模块,DigitalOutput[0],如图 7.30 所示。单击"Next"。

(14)给将要建立的功能块取名叫"DO1",勾选"Create shapes for all network variables",单击"Finish",如图 7.31 所示。

(15)用类似的方法建立属于 5208 的功能块 smallST[0]和 DigitalOutput[1],分别是小状态机和第二个输出,如图 7.32 所示。

(16)重复步骤(5)~(11),新建设备 5210;重复步骤(12)~(14),建立 5210 的功能块 EventScheduler[0]和 RealTime,EventScheduler 负责时间控制,将智能灯的开关时间转化成正确的数字格式后输入到 EventScheduler,它的输出 nvo_out 会按照时间表输出信号 1 和信号 0。RealTime 功能块可设置 Lonmaker 工程的系统时间。LonMaker 系统建立完成,如图 7.33 所示。

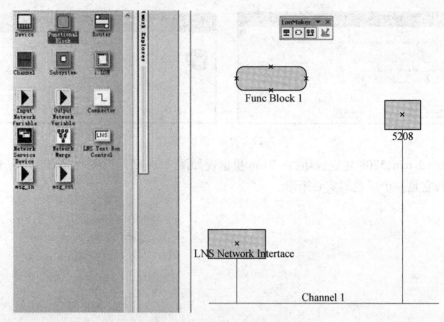

图 7.29 涂加功能块

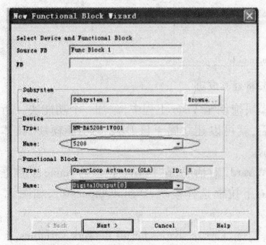

图 7.30 "New Functional Block Wizard"对话框

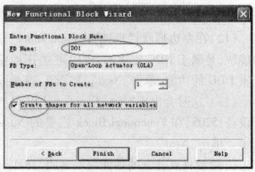

图 7.31 给将要建立的功能块取名

（17）用鼠标右键单击设备 5208，在右键菜单中单击"Configure..."，可进入 5208 的手动设置菜单，如图 7.34 所示。5208 总共有 5 个输出，默认的输出值是"0.00"，低电平。如果想改成高电平，可将相应通道上的值改成"0.01"，单击"保存"，然后单击"下载"按钮。在本系统里，5208 已经外接室内、走廊 2 组灯，所以将通道 1 和 2 改成高电平后，相应的灯会亮。

（18）右键单击 SmallST（本例取名为 SMT），单击"Configure..."，进入小状态机设置菜单，如图 7.35 所示。菜单里面有 4 个子菜单，这里选择用得比较多的部分做说明：

"输入输出"菜单可以设置 6 个输入的来源，其中输入 1 和输入 2 可以设置是外部输入还是内部输入，外部输入指 5208 实际的 I/O 口，而内部输入是指在 LonMaker 工程里面模块的逻辑信号，在本例里，nvi_in1 是连接到力控软件的一个变量，nvi_in2 连接到 EventScheduler 的 nvo_out，都是内部变量，这个子菜单不需要设置。

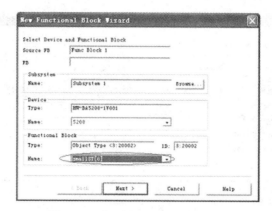

图 7.32　建立属于 5028 的功能块

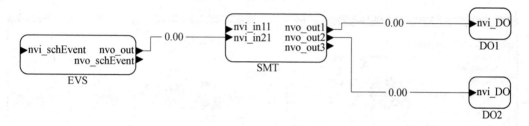

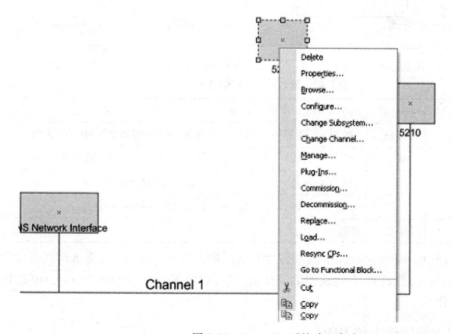

图 7.33　Lonmaker 系统建立完成

　　"逻辑对应关系"子菜单可以设置输入输出之间的逻辑关系，如图 7.36 所示。在本例里，输入输出的逻辑关系见表 7.16。

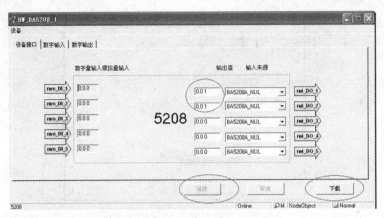

图 7.34　进入 5208 的手动设置菜单

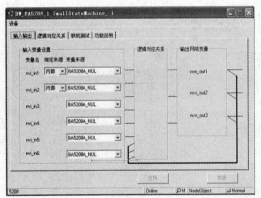

图 7.35　小状态机设置菜单　　　　图 7.36　设置输入输出之间的逻辑关系

表 7.16　输入输出的逻辑关系

	nvi_inl1	nvi_inl2	in3	nvo_out1	nvo_out2	含义
状态 1	低	屏蔽	高	高	屏蔽	自动/照度传感器输出低电平,天黑
状态 2	低	屏蔽	低	低	屏蔽	自动/照度传感器输出高电平,天亮
状态 3	低	高	屏蔽	屏蔽	高	自动/5210 输出时间信息
状态 4	低	低	屏蔽	屏蔽	低	自动/5210 输出时间信息
状态 5	高	屏蔽	屏蔽	低	低	手动

（19）右键单击 EventScheduler（本例取名为 EVS），单击"Configure..."，进入时间表设置菜单，双击对应的地方，把表 7.15 转换的数据加入，就可以使 EventScheduler 的 nvo_out 的输出按照时间表变化。

7.4.3　用力控软件操控 DDC

力控监控组态软件是对现场生产数据进行采集与过程控制的专用软件,最大的特点是能以灵活多样的"组态方式",而不是编程方式来进行系统集成。它提供了良好的用户开发界面和简捷的工程实现方法,只要将其预设置的各种软件模块进行简单的"组态",便可以非常容易地实现和完成监控层的各项功能。比如在分布式网络应用中,所有应用（例如趋势曲线、报警等)对远程数据的引用方法与引用本地数据完全相同,通过"组态"的方式可以大大缩短自动化工程师的系统集成时间,提高了集成效率。

下面介绍用力控软件实现本实例功能。

(1)双击桌面力控 6.1 软件图标,进入力控软件,如图 7.37 所示。

图 7.37　力控 6.1 软件图标

(2)打开力控程序后,出现"工程管理器"对话框,单击"新建",建立一个新的工程,给工程命名,按"确定"键,如图 7.38 所示。这时在工程显示菜单中会新增一个工程。

图 7.38　"工程管理器"对话框

(3)单击"开发"按钮,进入工程开发界面,如图 7.39 所示。

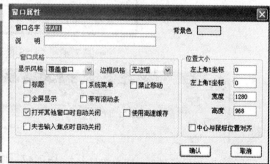

图 7.39　进入工程开发界面

(4)双击左边栏的"窗口"文件夹,建立一个新窗口,在新窗口里面,可以加入各种资源。

(5)下面建立与 DDC 设备的连接,这需要找到 DDC 的正确驱动。双击左边栏的"IO 设备"图标,弹出"IoManager"对话框,在左边"I/O 设备"栏里面,依次打开 FCS→ECHELON (HZ)→LNSHZ,会弹出"设备配置"对话框,给设备命一个名字,如图 7.40 所示。勾选"独占通道",单击"下一步"。

图 7.40 "IoManager"对话框

（6）进入"LNS 设备定义"对话框，如图 7.41 所示，"设备名称"是上一步定义的设备名，"接口"是个下拉菜单，注意这里选择的 lon 的接口一定要与 7.4.1 小节在线监测里看到的 lon 总线的编号一致。"网络"下拉菜单是 LonMaker 建立过的工程名称，可选择 7.4.2 小节建立的 test01 工程，勾选"启动时重建 LNS 监控点集"，单击"确认"键，在"IoManager"对话框里将增加一个设备，如图 7.42 所示。

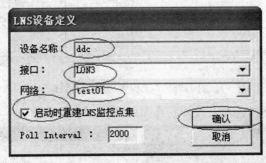

图 7.41 "LNS 设置定义"对话框

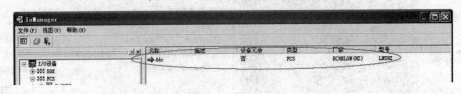

图 7.42 增加设备

（7）下面建立一些变量，这些变量可与 DDC 实现连接，对 DDC 的功能进行监控。双击左边栏"数据库控制"图标，打开"DbManager"对话框，如图 7.43 所示，在这个对话框里有一个列表，列出力控软件与外部设备间连接的变量。

双击第一个变量的空白格，弹出变量类型选择对话框，如图 7.44 所示，因智能灯控制变量属于数字量，所以在"区域…00"下面单击"数字 I/O 点"，单击"继续"，进入新增数字 I/O 点对话框。在"基本参数"栏里"点名"一栏上填"DO1"，其他项可选填。

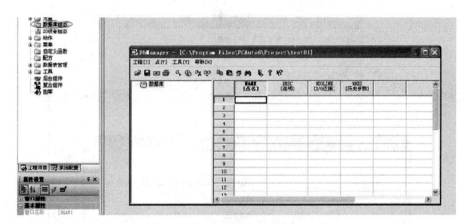

图 7.43　"DbManager"对话框

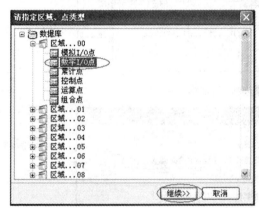

图 7.44　变量类型选择对话框

单击进入"数据连接"对话框,如图 7.45 所示。在右边栏看到第 5 步建立的设备名,在设备下面的"连接项"右边,单击"增加"按钮。会出现"LNS"数据连接对话框,对话框的左边列表列出了在 7.4.2 小节里建立的 LonMaker 工程里面的设备,分别有 LNS Network Interface, 5208 和 5210。

双击 5208,可以打开该设备下面所有的功能块,如图 7.46 所示。未定义的功能块会以它们的默认名称显示出来,定义过的功能块会以我们给它定义的名称显示出来。如 DO1,DO2, SMT 就是 7.4.2 小节定义过的功能块。双击"DO1"节点,会出现很多子点,单击第一个"nvi_DO",这就是 Lonmaker 与力控实现数据连接的变量名,在右边栏"网络变量"将会出现这个变量的完整路径。在"传送格式"下拉菜单里选择"原始字节数据(最多 31 字节)""数据地址"填 1"数据"类型为"BYTE(8 位无符号)",勾选"可写",单击"确定"键,就建立与 DDC 5208 的 DO1 连接的变量。在"DbManager"对话框中将会新增一个变量,如图 7.47 所示。

(8)重复步骤(7),建立 DO2 变量和 MAN 变量,MAN 变量代表手动/自动切换功能,它与 5208 的小状态机 SMT 的 nvi_in11 外部变量关联。建立完毕后,在"DbManager"对话框中按"保存"按钮,退出。

(9)到这步,力控软件的设备连接和数据连接均准备完毕,下面开始设计界面。在组态设计窗口里,单击"选择图库"按钮,弹出"图库"对话框,如图 7.48 所示。单击左边栏"开关"文件夹,会出现很多类型的开关按钮。单击拖动 2 个开关到组态设计窗口里,如图 7.49 所示。

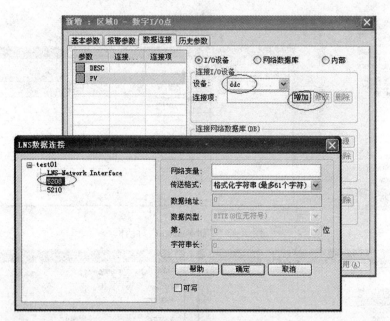

图 7.45 "数据连接"对话框

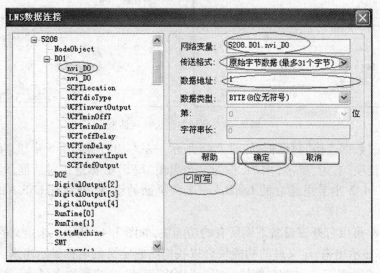

图 7.46 打开 5208 设置下面所有的功能块

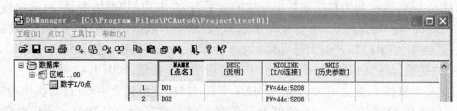

图 7.47 "新增变量"对话框

（10）拖动 3 个开关和 2 个报警灯到组态界面，如图 7.50 所示。

（11）为各个图元配上中文注释，双击第一个开关，打开"开关向导"对话框，单击右边的"..."，打开"变量选择"对话框，在里面的"点"栏里选择"DO1"，在"参数"栏里选择"PV"，单

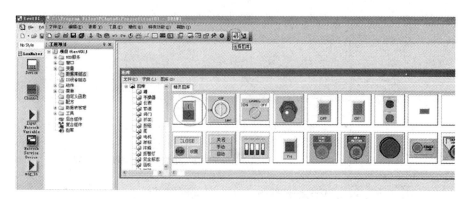

图 7.48　"图库"对话框

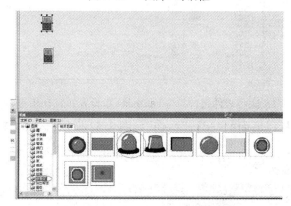

图 7.49　"开关按钮"界面

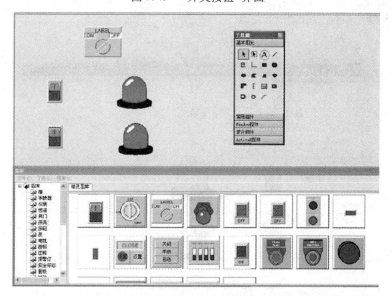

图 7.50　拖动开关到组态界面

击"选择"按钮,如图 7.51 所示,回到"开关向导"对话框,按"确定"。这就使 LonMaker 里面的变量与力控的图元状态关联起来。改变开关的状态,就能改变 LonMaker 内部变量的状态。利用同样的方法,把室内灯开关、自动/手动切换开关分别与 DO2、MAN 变量关联。

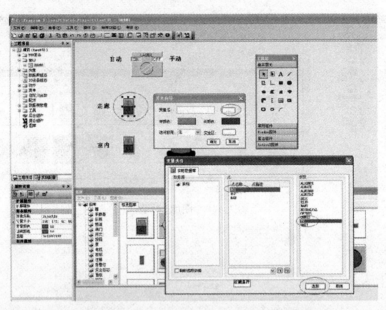

图 7.51　力控软件是选择与 LonMaker 里设置好的 DDL 变量关联

(12)单击快捷图标栏里面的"运行"按钮,如图 7.52 所示,运行工程,将打开如图 7.53 所示的界面,在手动方式下,改变 2 个开关的状态,就能控制 2 组灯的亮灭;在自动方式下,2 组灯的亮灭会根据时间表执行。

图 7.52　运行按钮

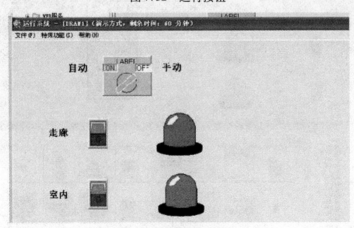

图 7.53　工程运行界面

7.5　DDC 监控及照明控制子系统原理图

DDC 监控及照明控制子系统接线图如图 7.54 所示。

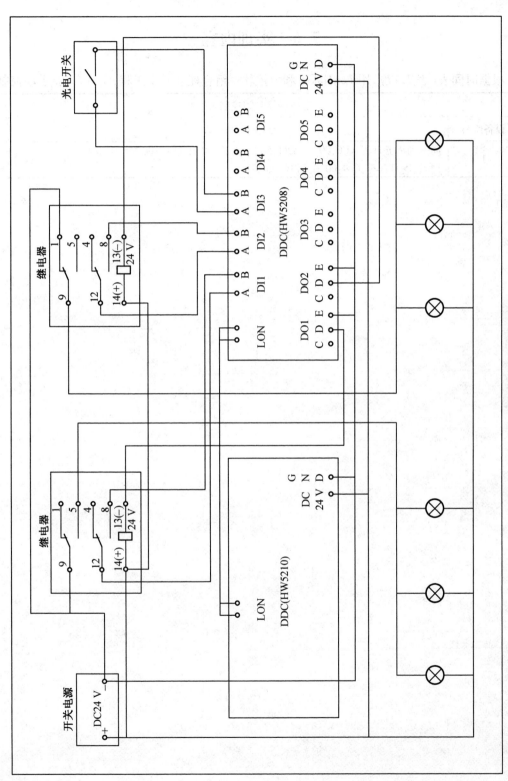

图 7.54　DDC 监控及照明控制子系统接线图

7.6 实训内容

根据时间表(表 7.17),用 LonMaker 和力控软件组合建立一个工程,实现自动/手动控制。

设备启停时间控制表

设备组号	时间列表
1	周一到周五日程:①6:00 开 ②11:50 关 ③13:00 开 ④17:00 关 周六、周日日程:⑤9:00 开 ⑥16:00 关

附　　录

附录1　设备类型表

外部设备定义

代码	设备类型	代码	设备类型	代码	设备类型	代码	设备类型
00	未定义	22	防火阀	44	消防电源	66	故障输出
01	光栅测温	23	排烟阀	45	紧急照明	67	手动允许
02	点型感温	24	送风阀	46	疏导指示	68	自动允许
03	点型感烟	25	电磁阀	47	喷洒指示	69	可燃气体
04	报警接口	26	卷帘门中	48	防盗模块	70	备用指示
05	复合火焰	27	卷帘门下	49	信号碟阀	71	门灯
06	光束感烟	28	防火门	50	防排烟阀	72	备用工作
07	紫外火焰	29	压力开关	51	水幕泵	73	设备故障
08	线型感温	30	水流指示	52	层号灯	74	紧急求助
09	吸气感烟	31	电梯	53	设备停动	75	时钟电源
10	复合探测	32	空调机组	54	泵故障	76	报警输出
11	手动按钮	33	柴油发电	55	急启按钮	77	报警传输
12	消防广播	34	照明配电	56	急停按钮	78	环路开关
13	讯响器	35	动力配电	57	雨淋泵	79	未定义
14	消防电话	36	水幕电磁	58	上位机	80	未定义
15	消火栓	37	气体启动	59	回路	81	消火栓
16	消火栓泵	38	气体停动	60	空压机	82	缆式感温
17	喷淋泵	39	从机	61	联动电源	83	吸气感烟
18	稳压泵	40	火灾示盘	62	多线制锁	84	吸气火警
19	排烟机	41	闸阀	63	部分设备	85	吸气预警
20	送风机	42	干粉灭火	64	雨淋阀		
21	新风机	43	泡沫泵	65	感温棒		

附录2　标准汉字码表

A	啊	1601	碍	1613	爱	1614	隘	1615	安	1618	按	1620	暗	1621
	岸	1622	案	1624										
B	扒	1639	吧	1641	八	1643	拔	1646	把	1649	罢	1653	白	1655
	百	1657	摆	1658	败	1660	拜	1661	班	1664	搬	1665	般	1667
	板	1669	版	1670	扮	1671	拌	1672	伴	1673	半	1675	办	1676
	绊	1677	邦	1678	帮	1679	榜	1681	绑	1683	棒	1684	磅	1685
	包	1692	剥	1694	薄	1701	保	1703	饱	1705	宝	1706	抱	1707
	报	1708	暴	1709	爆	1712	杯	1713	碑	1714	悲	1715	卑	1716
	北	1717	背	1719	贝	1720	倍	1722	备	1724	被	1727	奔	1728
	本	1730	笨	1731	崩	1732	泵	1735	迸	1737	逼	1738	鼻	1739
	比	1740	碧	1744	蔽	1746	闭	1753	壁	1758	臂	1759	避	1760
	鞭	1762	边	1763	编	1764	扁	1766	变	1768	辨	1770	辩	1771
	辫	1772	标	1774	表	1777	别	1780	彬	1782	斌	1783	滨	1785
	宾	1786	兵	1788	冰	1789	柄	1790	丙	1791	秉	1792	饼	1793
	病	1801	并	1802	玻	1803	菠	1804	播	1805	拨	1806	波	1808
	勃	1810	伯	1814	帛	1815	泊	1820	驳	1821	捕	1822	卜	1823
	哺	1824	补	1825	不	1827	布	1828	步	1829	部	1831	怖	1832
	禀	5787	缤	7145	蝙	8289	苯	1729						
C	擦	1833	猜	1834	裁	1835	材	1836	才	1837	财	1838	睬	1839
	踩	1840	采	1841	彩	1842	菜	1843	蔡	1844	餐	1845	参	1846
	蚕	1847	残	1848	灿	1851	苍	1852	舱	1853	仓	1854		
	沧	1855	藏	1856	操	1857	槽	1859	曹	1860	草	1861	厕	1862
	策	1863	侧	1864	册	1865	测	1866	层	1867	插	1869	茶	1872
	查	1873	搽	1875	察	1876	岔	1877	差	1878	拆	1880	柴	1881
	搀	1883	掺	1884	蝉	1885	缠	1888	产	1890	阐	1891	颤	1892
	昌	1893	场	1901	尝	1902	常	1903	长	1904	偿	1905	肠	1906
	厂	1907	敞	1908	畅	1909	唱	1910	超	1912	抄	1913	钞	1914
	朝	1915	潮	1917	巢	1918	吵	1919	炒	1920	车	1921	扯	1922
	撤	1923	彻	1925	澈	1926	陈	1934	趁	1935	衬	1936	撑	1937
	称	1938	城	1939	橙	1940	成	1941	呈	1942	乘	1943	程	1944

续表

	澄	1946	诚	1947	承	1948	吃	1952	持	1954	池	1956	迟	1957
	弛	1958	驰	1959	齿	1961	尺	1963	赤	1964	翅	1965	炽	1967
	充	1968	冲	1969	虫	1970	抽	1973	筹	1979	仇	1980	丑	1983
	初	1985	出	1986	厨	1988	除	1993	储	2002	处	2006	川	2008
	传	2011	船	2012	串	2014	窗	2016	床	2018	创	2020	炊	2022
	锤	2024	春	2026	醇	2028	纯	2031	磁	2037	慈	2040	瓷	2041
	词	2042	此	2043	次	2046	从	2051	粗	2054	簇	2056	促	2057
	摧	2061	崔	2062	催	2063	脆	2064	翠	2068	村	2069	存	2070
	寸	2071	措	2075	错	2077	萃	6145	嵽	7047				
D	搭	2078	达	2079	答	2080	打	2082	大	2083	呆	2084	戴	2087
	带	2088	代	2090	贷	2091	袋	2092	待	2093	逮	2094	担	2103
	丹	2104	单	2105	旦	2109	氮	2110	但	2111	淡	2113	诞	2114
	弹	2115	当	2117	党	2119	档	2121	刀	2122	倒	2125	岛	2126
	导	2128	到	2129	稻	2130	道	2132	盗	2133	德	2134	得	2135
	的	2136	灯	2138	登	2139	等	2140	邓	2143	低	2145	迪	2147
	笛	2149	狄	2150	涤	2151	翟	2152	底	2155	地	2156	第	2158
	帝	2159	碘	2166	点	2167	典	2168	电	2171	甸	2173	店	2174
	淀	2177	达	2179	掉	2184	吊	2185	钓	2186	调	2187	迭	2192
	丁	2201	钉	2204	顶	2205	定	2208	订	2209	丢	2210	东	2211
	冬	2212	董	2213	动	2215	栋	2216	冻	2219	洞	2220	抖	2222
	斗	2223	陡	2224	豆	2225	都	2228	督	2229	独	2232	读	2233
	堵	2234	赌	2236	杜	2237	肚	2239	度	2240	渡	2241	端	2243
	短	2244	段	2246	断	2247	堆	2249	兑	2250	队	2251	对	2252
	吨	2254	敦	2256	顿	2257	盾	2260	多	2264	夺	2265	垛	2266
	朵	2268	舵	2270										
E	峨	2275	鹅	2276	俄	2277	额	2278	娥	2280	恩	2287	而	2288
	儿	2289	耳	2290	尔	2291	二	2294						
F	发	2302	伐	2305	乏	2306	阀	2307	法	2308	藩	2310	帆	2311
	翻	2313	樊	2314	繁	2317	凡	2318	烦	2319	反	2320	返	2321
	范	2322	贩	2323	犯	2324	饭	2325	泛	2326	坊	2327	芳	2328
	方	2329	房	2331	防	2332	妨	2333	仿	2334	访	2335	纺	2336
	放	2337	菲	2338	非	2339	啡	2340	飞	2341	肥	2342	肺	2346

续表

	废	2347	沸	2348	费	2349	芬	2350	吩	2352	分	2354	纷	2355
	坟	2356	汾	2358	粉	2359	奋	2360	份	2361	忿	2362	愤	2363
	丰	2365	封	2366	枫	2367	蜂	2368	峰	2369	风	2371	烽	2373
	逢	2374	冯	2375	缝	2376	讽	2377	奉	2378	凤	2379	佛	2380
	否	2381	夫	2382	肤	2384	孵	2385	扶	2386	辐	2388	幅	2389
	符	2391	伏	2392	浮	2393	服	2394	涪	2402	福	2403	抚	2407
	辅	2408	俯	2409	斧	2411	府	2414	赴	2416	副	2417	赋	2419
	复	2420	傅	2421	付	2422	父	2424	负	2426	富	2427	附	2429
	妇	2430	咐	2432	芙	6029	蝠	8280	翡	8468				
G	该	2435	改	2436	概	2437	钙	2438	盖	2439	干	2441	甘	2442
	杆	2443	柑	2444	竿	2445	肝	2446	赶	2447	感	2448	敢	2450
	赣	2451	冈	2452	刚	2453	钢	2454	缸	2455	纲	2457	岗	2458
	港	2459	高	2463	膏	2464	糕	2466	搞	2467	稿	2469	告	2470
	哥	2471	歌	2472	搁	2473	戈	2474	鸽	2475	胳	2476	割	2478
	革	2479	葛	2480	格	2481	阁	2483	隔	2484	个	2486	各	2487
	给	2488	根	2489	跟	2490	耕	2491	更	2492	庚	2493	耿	2502
	工	2504	攻	2505	功	2506	恭	2507	供	2509	躬	2510	公	2511
	宫	2512	弓	2513	巩	2514	拱	2516	贡	2517	共	2518	钩	2519
	勾	2520	沟	2521	狗	2523	构	2525	购	2526	够	2527	估	2532
	沽	2533	孤	2534	姑	2535	鼓	2536	古	2537	骨	2539	谷	2540
	股	2541	故	2542	顾	2543	固	2544	雇	2545	刮	2546	瓜	2547
	挂	2550	乖	2552	拐	2553	怪	2554	关	2556	官	2557	冠	2558
	观	2559	管	2560	馆	2561	罐	2562	灌	2564	贯	2565	光	2566
	广	2567	瑰	2569	规	2570	归	2573	龟	2574	闺	2575	轨	2576
	桂	2580	柜	2581	贵	2583	滚	2586	棍	2587	锅	2588	郭	2589
	国	2590	果	2591	过	2593								
H	哈	2594	孩	2602	海	2603	害	2606	邯	2610	韩	2611	含	2612
	涵	2613	寒	2614	函	2615	喊	2616	憾	2622	焊	2624	汗	2625
	汉	2626	杭	2628	航	2629	壕	2630	豪	2632	毫	2633	郝	2634
	好	2635	耗	2636	号	2637	浩	2638	喝	2640	荷	2641	核	2643
	禾	2644	和	2645	何	2646	合	2647	盒	2648	河	2651	贺	2656
	黑	2658	很	2660	亨	2664	横	2665	衡	2666	恒	2667	烘	2670

续表

	虹	2671	鸿	2672	洪	2673	宏	2674	红	2676	侯	2678	猴	2679
	吼	2680	厚	2681	候	2682	后	2683	呼	2684	乎	2685	忽	2686
	瑚	2687	壶	2688	葫	2689	胡	2690	蝴	2691	湖	2694	虎	2702
	护	2704	互	2705	泸	2706	户	2707	花	2708	华	2710	滑	2712
	画	2713	划	2714	化	2715	话	2716	槐	2717	怀	2719	淮	2720
	坏	2721	欢	2722	环	2723	缓	2726	换	2727	唤	2729	荒	2736
	黄	2738	磺	2739	皇	2742	凰	2743	煌	2745	晃	2746	恍	2748
	灰	2750	挥	2751	辉	2752	恢	2754	回	2756	毁	2757	悔	2758
	慧	2759	卉	2760	惠	2761	会	2765	汇	2767	绘	2770	昏	2772
	婚	2773	魂	2774	浑	2775	活	2778	伙	2779	火	2780	获	2781
	或	2782	霍	2784	货	2785	桦	7275						
J	击	2787	基	2789	机	2790	积	2793	迹	2803	激	2804	吉	2810
	极	2811	集	2815	及	2816	急	2817	即	2820	级	2822	几	2824
	技	2828	季	2830	剂	2833	寄	2836	寂	2837	计	2838	记	2839
	既	2840	际	2842	继	2844	纪	2845	夹	2848	佳	2849	家	2850
	加	2851	甲	2855	假	2857	价	2859	架	2860	驾	2861	监	2864
	坚	2865	尖	2866	间	2868	兼	2870	检	2876	捡	2881	简	2882
	减	2885	荐	2886	践	2889	见	2891	键	2892	件	2894	健	2901
	舰	2902	渐	2905	建	2908	将	2911	江	2913	蒋	2915	讲	2918
	降	2921	蕉	2922	胶	2926	交	2927	郊	2928	搅	2933	角	2939
	绞	2942	教	2944	较	2947	叫	2948	揭	2950	接	2951	街	2954
	截	2956	节	2958	杰	2960	捷	2961	洁	2964	结	2965	解	2966
	界	2971	借	2972	介	2973	届	2976	巾	2977	金	2980	今	2981
	津	2982	紧	2984	锦	2985	仅	2986	进	2988	禁	2991	近	2992
	尽	3001	荆	3003	晶	3006	京	3009	精	3011	经	3013	井	3014
	警	3015	景	3016	静	3018	境	3019	敬	3020	镜	3021	径	3022
	究	3031	纠	3032	久	3035	九	3037	酒	3038	救	3040	旧	3041
	就	3045	拘	3048	居	3051	菊	3053	局	3054	举	3057	聚	3059
	巨	3062	具	3063	距	3064	俱	3067	炬	3070	鹃	3073	卷	3077
	觉	3085	绝	3088	菌	3090	军	3092	俊	3101				
K	咖	3107	卡	3108	开	3110	凯	3113	慨	3114	看	3120	康	3121
	慷	3122	抗	3125	考	3128	靠	3131	柯	3134	棵	3135	颗	3137

续表

	科	3138	壳	3139	可	3141	渴	3142	克	3143	刻	3144	客	3145
	课	3146	肯	3147	坑	3151	空	3153	孔	3155	控	3156	口	3158
	扣	3159	寇	3160	枯	3161	苦	3164	库	3166	夸	3168	块	3173
	快	3176	宽	3177	款	3178	框	3182	矿	3183	昆	3205	困	3207
	括	3208	扩	3209	馈	3201								
L	垃	3212	拉	3213	蜡	3215	腊	3216	来	3220	蓝	3222	栏	3224
	拦	3225	篮	3226	兰	3228	览	3232	缆	3234	廊	3240	朗	3242
	浪	3243	捞	3244	劳	3245	牢	3246	老	3247	乐	3254	雷	3255
	磊	3258	类	3264	冷	3268	梨	3270	黎	3272	离	3275	理	3277
	里	3279	礼	3281	丽	3286	历	3290	利	3291	例	3293	立	3302
	力	3306	璃	3307	联	3310	莲	3311	连	3312	帘	3317	链	3320
	炼	3322	练	3323	粮	3324	凉	3325	良	3328	两	3329	量	3331
	亮	3333	疗	3338	辽	3341	料	3347	列	3348	裂	3349	邻	3350
	林	3354	临	3357	淋	3360	零	3367	龄	3368	领	3376	另	3377
	令	3378	硫	3382	刘	3385	流	3387	柳	3388	六	3389	龙	3390
	隆	3401	楼	3405	漏	3409	卢	3412	庐	3414	炉	3415	鲁	3419
	露	3422	路	3423	录	3428	陆	3429	吕	3432	律	3441	率	3442
	滤	3443	绿	3444	乱	3450	掠	3451	略	3452	轮	3454	论	3459
	螺	3461	罗	3462	逻	3463	落	3468	洛	3469	络	3471	浏	6815
	楣	7321	锂	7914										
M	麻	3473	玛	3474	码	3475	马	3477	埋	3481	买	3482	麦	3483
	卖	3484	脉	3486	满	3490	曼	3492	慢	3493	漫	3494	忙	3506
	毛	3511	茂	3515	冒	3516	帽	3517	贸	3519	么	3520	玫	3521
	梅	3523	煤	3526	没	3527	眉	3528	镁	3530	每	3531	美	3532
	门	3537	蒙	3541	猛	3545	梦	3546	孟	3547	迷	3552	弥	3554
	米	3555	秘	3556	密	3560	棉	3562	免	3566	面	3570	苗	3571
	描	3572	秒	3575	妙	3578	灭	3580	民	3581	皿	3583	明	3587
	鸣	3589	名	3591	命	3592	摸	3594	模	3603	膜	3604	磨	3605
	摩	3606	末	3609	莫	3610	默	3612	沫	3613	谋	3617	某	3619
	牡	3621	母	3624	幕	3627	木	3630	目	3631	牧	3633	茉	6052
N	拿	3635	那	3639	纳	3641	乃	3643	耐	3645	南	3647	男	3648
	难	3649	囊	3650	挠	3651	脑	3652	恼	3653	闹	3654	内	3658

续表

	能	3660	泥	3664	尼	3665	拟	3666	你	3667	逆	3670	年	3674
	念	3678	鸟	3681	聂	3684	柠	3691	凝	3693	宁	3694	拧	3701
	牛	3703	扭	3704	钮	3705	纽	3706	浓	3708	农	3709	弄	3710
	女	3714	暖	3715	挪	3718								
O	鸥	3724	殴	3725	偶	3728								
P	怕	3734	拍	3736	排	3737	牌	3738	派	3741	攀	3742	潘	3743
	盘	3744	盼	3746	判	3748	乓	3750	旁	3752	胖	3754	抛	3755
	炮	3758	跑	3760	泡	3761	培	3764	配	3768	佩	3769	喷	3771
	盆	3772	抨	3774	烹	3775	棚	3779	膨	3782	朋	3783	捧	3785
	碰	3786	批	3790	披	3791	啤	3801	皮	3804	匹	3805	篇	3810
	偏	3811	片	3812	飘	3814	漂	3815	票	3817	拼	3820	频	3821
	品	3823	聘	3824	乒	3825	苹	3827	平	3829	凭	3830	瓶	3831
	评	3832	屏	3833	坡	3834	破	3838	迫	3840	扑	3843	铺	3844
	朴	3851	普	3853	谱	3855								
Q	期	3858	七	3863	漆	3865	其	3868	棋	3869	奇	3870	齐	3875
	骑	3879	起	3880	企	3883	启	3884	器	3887	气	3888	弃	3890
	汽	3891	洽	3901	牵	3903	铅	3906	千	3907	迁	3908	签	3909
	钱	3914	前	3916	潜	3917	浅	3919	欠	3923	枪	3925	腔	3927
	墙	3929	蔷	3930	强	3931	抢	3932	敲	3935	悄	3936	桥	3937
	乔	3939	巧	3941	俏	3946	窍	3947	切	3948	且	3950	窃	3952
	侵	3954	亲	3955	秦	3956	勤	3958	青	3964	轻	3965	氢	3966
	倾	3967	清	3969	晴	3971	请	3975	庆	3976	穷	3978	秋	3979
	球	3982	求	3983	趋	3987	区	3988	曲	3990	屈	3992	驱	3993
	取	4001	去	4005	权	4008	泉	4010	全	4011	劝	4016	缺	4017
	却	4020	确	4023	雀	4024	裙	4025	群	4026				
R	然	4027	燃	4028	染	4030	让	4035	饶	4036	扰	4037	绕	4038
	热	4040	人	4043	忍	4044	任	4046	认	4047	扔	4051	仍	4052
	日	4053	蓉	4056	荣	4057	融	4058	溶	4060	容	4061	柔	4065
	肉	4066	如	4071	乳	4073	入	4075	软	4077	阮	4078	瑞	4080
	锐	4081	闰	4082	若	4084	弱	4085						
S	撒	4086	洒	4087	萨	4088	腮	4089	塞	4091	赛	4092	三	4093
	伞	4101	散	4102	桑	4103	扫	4108	色	4111	森	4113	砂	4116

续表

	字	码	字	码	字	码	字	码	字	码	字	码	字	码
	杀	4117	沙	4119	纱	4120	珊	4126	杉	4128	山	4129	删	4130
	闪	4133	陕	4134	膳	4137	善	4138	伤	4143	商	4144	赏	4145
	上	4147	稍	4152	少	4157	绍	4160	舍	4165	摄	4167	射	4168
	涉	4170	社	4171	设	4172	申	4174	伸	4176	身	4177	深	4178
	神	4181	沈	4182	审	4183	甚	4185	声	4189	生	4190	升	4193
	省	4201	剩	4203	胜	4204	圣	4205	师	4206	失	4207	狮	4208
	湿	4210	十	4214	石	4215	时	4217	食	4219	实	4221	识	4222
	史	4223	使	4225	驶	4227	始	4228	式	4229	示	4230	世	4232
	事	4234	势	4238	是	4239	适	4242	释	4245	饰	4246	市	4248
	室	4250	视	4251	试	4252	收	4253	手	4254	首	4255	守	4256
	授	4258	售	4259	受	4260	枢	4264	殊	4266	输	4268	舒	4270
	疏	4272	书	4273	熟	4276	术	4285	述	4286	树	4287	束	4288
	竖	4290	数	4293	刷	4302	摔	4304	衰	4305	甩	4306	栓	4308
	拴	4309	双	4311	爽	4312	水	4314	税	4316	顺	4319	说	4321
	烁	4324	斯	4325	思	4328	司	4330	丝	4331	死	4332	四	4336
	似	4338	松	4341	送	4345	宋	4346	搜	4349	苏	4353	俗	4355
	素	4356	速	4357	塑	4360	宿	4362	诉	4363	算	4367	虽	4368
	随	4370	碎	4373	孙	4379	损	4380	琐	4386	锁	4388	所	4389
T	塌	4390	他	4391	塔	4394	踏	4404	抬	4407	台	4408	泰	4409
	太	4411	态	4412	摊	4415	檀	4420	谭	4423	谈	4424	坦	4425
	碳	4428	探	4429	塘	4433	堂	4435	棠	4436	唐	4438	躺	4441
	掏	4445	桃	4450	逃	4451	陶	4453	讨	4454	套	4455	特	4456
	腾	4458	梯	4461	踢	4463	提	4465	题	4466	体	4469	替	4470
	天	4476	添	4477	填	4478	田	4479	挑	4484	条	4485	跳	4488
	贴	4489	铁	4490	厅	4492	听	4493	烃	4494	停	4503	亭	4504
	庭	4505	挺	4506	通	4508	桐	4509	同	4512	铜	4513	童	4515
	统	4519	投	4522	头	4523	透	4524	突	4527	图	4528	徒	4529
	途	4530	涂	4531	土	4533	吐	4534	团	4537	推	4538	腿	4540
	退	4543	吞	4544	拖	4547	托	4548	脱	4549	拓	4556		
W	挖	4558	瓦	4563	歪	4565	外	4566	弯	4568	湾	4569	玩	4570
	顽	4571	完	4574	碗	4575	挽	4576	晚	4577	万	4582	王	4585
	网	4588	往	4589	望	4591	忘	4592	威	4594	微	4602	危	4603

续表

	违	4605	围	4607	为	4610	维	4612	委	4615	伟	4616	伪	4617
	尾	4618	未	4620	味	4622	胃	4624	魏	4626	位	4627	卫	4632
	温	4634	文	4636	稳	4640	问	4642	窝	4649	我	4650	卧	4652
	握	4653	乌	4658	污	4659	屋	4661	无	4662	梧	4664	吴	4666
	武	4668	五	4669	捂	4670	午	4671	舞	4672	雾	4677	物	4679
	务	4681	误	4683	薇	6217								
X	析	4686	西	4687	吸	4692	息	4702	烯	4709	席	4715	习	4716
	喜	4718	洗	4720	系	4721	细	4724	峡	4731	下	4734	先	4740
	仙	4741	鲜	4742	纤	4743	闲	4748	显	4752	险	4753	现	4754
	献	4755	限	4762	线	4763	相	4764	厢	4765	香	4767	箱	4768
	乡	4771	祥	4773	详	4774	想	4775	响	4776	享	4777	项	4778
	像	4781	向	4782	象	4783	削	4787	销	4790	消	4791	小	4801
	校	4803	肖	4804	效	4807	些	4809	鞋	4812	协	4813	斜	4817
	谐	4819	写	4820	械	4821	卸	4822	泻	4826	谢	4827	欣	4832
	新	4834	心	4836	信	4837	星	4839	兴	4843	型	4845	形	4846
	行	4848	幸	4850	杏	4851	性	4852	姓	4853	凶	4855	胸	4856
	雄	4859	休	4861	修	4862	秀	4867	虚	4873	徐	4876	许	4877
	蓄	4878	叙	4880	序	4882	续	4888	宣	4891	施	4893	选	4901
	学	4907	雪	4909	血	4910	熏	4912	循	4913	询	4915	寻	4916
	巡	4918	训	4921	讯	4922	迅	4924	馨	6016	溴	6869		
Y	压	4925	押	4926	雅	4937	亚	4939	烟	4944	严	4947	研	4948
	岩	4950	延	4951	言	4952	颜	4953	沿	4956	掩	4958	眼	4959
	演	4961	艳	4962	验	4973	焰	4970	央	4975	杨	4978	扬	4979
	羊	4982	洋	4983	阳	4984	养	4988	样	4989	遥	5003	药	5009
	要	5010	也	5018	业	5021	夜	5025	液	5026	一	5027	医	5029
	依	5032	衣	5034	遗	5037	移	5038	仪	5039	已	5049	乙	5050
	以	5052	艺	5053	亿	5058	役	5059	意	5066	毅	5067	忆	5068
	义	5069	益	5070	议	5073	谊	5074	译	5075	异	5076	因	5082
	音	5084	阴	5085	银	5088	饮	5091	引	5093	隐	5094	印	5101
	英	5102	樱	5103	应	5106	营	5110	迎	5113	盈	5115	影	5116
	硬	5118	映	5119	拥	5121	永	5132	勇	5134	用	5135	优	5137
	由	5141	邮	5142	油	5145	游	5146	有	5148	友	5149	右	5150

续表

	又	5154	幼	5155	于	5158	余	5164	渔	5170	予	5172	娱	5173
	雨	5174	与	5175	宇	5178	语	5179	羽	5180	玉	5181	域	5182
	欲	5191	育	5193	浴	5201	寓	5202	预	5204	元	5210	原	5213
	援	5214	园	5216	员	5217	圆	5218	源	5220	远	5222	苑	5223
	院	5226	约	5228	越	5229	月	5234	阅	5236	云	5238	匀	5240
	允	5242	运	5243	阈	6748								
Z	杂	5251	栽	5252	灾	5254	载	5256	再	5257	在	5258	咱	5259
	暂	5261	早	5271	噪	5275	造	5276	燥	5279	责	5280	择	5281
	增	5286	曾	5288	扎	5290	轧	5294	闸	5302	栅	5304	摘	5310
	展	5325	占	5328	战	5329	站	5330	张	5337	丈	5341	帐	5342
	胀	5345	障	5347	招	5348	照	5353	召	5357	折	5359	这	5366
	珍	5368	真	5370	针	5375	震	5380	振	5381	镇	5382	阵	5383
	蒸	5384	征	5387	整	5391	正	5393	政	5394	郑	5403	枝	5406
	支	5407	知	5410	脂	5412	织	5415	直	5417	执	5420	值	5421
	址	5423	指	5424	止	5425	只	5427	纸	5429	置	5435	制	5438
	智	5439	治	5446	中	5448	钟	5451	终	5453	种	5454	重	5456
	周	5460	州	5461	轴	5465	珠	5473	朱	5476	诸	5478	竹	5481
	主	5487	柱	5489	助	5490	贮	5492	筑	5494	住	5501	注	5502
	抓	5505	专	5508	转	5510	庄	5515	装	5516	撞	5518	状	5520
	追	5523	准	5528	捉	5529	桌	5532	咨	5541	资	5542	紫	5547
	子	5551	自	5552	字	5554	棕	5556	宗	5558	综	5559	总	5560
	走	5563	奏	5564	足	5567	阻	5572	组	5573	最	5578	左	5583
	做	5586	作	5587	座	5589	圳	5958						

参考文献

[1] 王再英,韩养社,高虎贤. 智能建筑:楼宇自动化系统原理与应用[M].北京:电子工业出版社,2011.

[2] 方忠祥. 智能建筑设备自动化系统设计与实施[M].北京:机械工业出版社,2013.

[3] 许锦标,张振昭. 楼宇智能化技术[M].3 版.北京:机械工业出版社,2010.

[4] 谢秉正. 楼宇智能化原理及工程应用[M].南京:东南大学出版社,2007.

[5] 马福军. 安全防范系统工程施工[M].北京:机械工业出版社,2012.

[6] 汪光华. 智能安防——视频监控全面解析与实例分析[M].北京:机械工业出版社,2012.

[7] 人力资源和社会保障部教材办公室组织. 火灾报警与消防联动技术[M].北京:中国劳动社会保障出版社,2013.

[8] 杜思深. 综合布线(新世纪高职高专实用规划教材——网络与通信系列)[M].2 版.北京:清华大学出版社,2010.

[9] 吕景泉. 楼宇智能化系统安装与调试[M].北京:中国铁道出版社,2011.

[10] 黎连业,朱卫东,李皓. 智能楼宇控制系统的设计与实施技术[M].北京:清华大学出版社,2008.